黔菜
全民教育
·工匠传承版·

Guizhou Mingchu
Jingdian Qiancai

经典黔菜

贵州名厨

中國

金版

54位贵州名厨
传播中国黔菜文化
114道经典黔菜
体现多彩民族风情

吴茂钊 总编
张智勇 主编

青岛出版社
QINGDAO PUBLISHING HOUSE

图书在版编目（ＣＩＰ）数据

贵州名厨　经典黔菜 / 吴茂钊 , 张智勇主编 . —青岛 : 青岛出版社 , 2020.8

ISBN 978-7-5552-8813-8

Ⅰ . ①贵… Ⅱ . ①吴… ②张… Ⅲ . ①菜谱－贵州 Ⅳ . ① TS972.182.73

中国版本图书馆 CIP 数据核字 (2020) 第 059511 号

书　　　名	贵州名厨·经典黔菜
主　　　编	吴茂钊　张智勇
出 版 发 行	青岛出版社
社　　　址	青岛市海尔路 182 号（266061）
本 社 网 址	http://www.qdpub.com
邮 购 电 话	0532-68068091
策 划 编 辑	周鸿媛
责 任 编 辑	逄　丹　纪承志
特 约 编 辑	王　燕
封 面 设 计	杨希泉
设 计 制 作	潘　婷　王　芳　叶德永　贵州省吴茂钊技能大师工作室
制　　　版	青岛帝骄文化传播有限公司
印　　　刷	青岛海蓝印刷有限责任公司
出 版 日 期	2020 年 8 月第 1 版　2020 年 8 月第 1 次印刷
开　　　本	16 开（710 毫米 × 1010 毫米）
印　　　张	14.25
字　　　数	260 千
图　　　数	366 幅
印　　　数	1-8000
书　　　号	ISBN 978-7-5552-8813-8
定　　　价	49.80 元

编校印装质量、盗版监督服务电话　4006532017　0532-68068638
建议陈列类别：生活类　美食类

编委会

《黔菜全民教育》编委会

总 编 / 吴茂钊

编 委 / 王 娟　田 芳　陈克芬　孟 庆　王 力　何 花　戴 成　黄 军　刘海风
邹 妍　邓盛毅　苏 兰　杨丽彦　常 明　古德明　张乃恒　刘黔勋　张建强
张智勇　庞学松　刘志忠　杨 波　龙凯江　娄孝东　黄永国　周定欢　喻 川

工匠传承版《贵州名厨·经典黔菜》编委会

总策划 / 吴茂钊

策 划 / 古德明　丁海军　张乃恒　张建强　王文军　张智勇　庞学松　梁 伟

主 编 / 张智勇

副主编 / 龙凯江　黄永国　娄孝东　高小书　吴大财　吴昌贵　尹文学　杨 波（执行）

编 委（按姓氏笔画为序）
王利君　王坤平　王绍金　韦登亮　龙 胜　叶国宪　付命琼　兰顺江　成 锐　任 亚
刘正友　刘纯金　刘祖邦　刘黔勋　安朝明　何 花　李修富　李保平　杨昌品　杨绍宇
吴 兴　吴元芳　吴廷光　吴显洪　吴起鹏　岑南芸　岑洪文　犹 亮　陈大江　陈宇达
林茂永　周刚辉　周定欢　郑开春　赵梓均　夏利波　徐漫漫　郭应吉　郭茂江　郭茂胜
唐 福　唐方淞　黄进松　黄昌伟　庹修义　梁 伟　梁厚智　梁建勇　雷继凡　廖 静
廖浩宇　廖涌臣　熊远兵　熊学军　樊小均　潘万桥　潘绪学

主 撰 / 吴茂钊　张乃恒　杨 波　庞学松
摄 影 / 潘绪学　田道华　张先文　吴茂钊

主 办
贵州省吴茂钊技能大师工作室　　　　　　　中国食文化研究会黔菜专业委员会

鸣 谢
中国黔菜大典编撰委员会　　　　　　　　　贵州轻工职业技术学院
贵阳市女子职业学校　　　　　　　　　　　贵州省钱鹰名师工作室
四川烹饪杂志社　　　　　　　　　　　　　贵州绥阳县黔厨厨师培训学校
黔西南州饭店餐饮协会　　　　　　　　　　贵州盗汗鸡餐饮管理有限公司
遵义市红花岗区烹饪协会　　　　　　　　　贵州味臻文化传媒有限公司
遵义安居餐饮服务有限公司　　　　　　　　我爱贵州美食网
安顺市晓乐人家　　　　　　　　　　　　　贵州省辰晖远峰商贸有限公司
峨眉山万佛绿色食品有限公司　　　　　　　贵州云厨大数据有限公司
贵州捌零玖科技有限公司　　　　　　　　　贵州名厨-809美食频道

为贵州名厨正名和鼓与呼

古德明

古德明：中国厨师楷模、中国黔菜泰斗、黔菜书院讲师团荣誉团长，担任《中华食文化大辞典·黔菜卷》《中国黔菜大典》技术总顾问、专家委员会主任顾问，《美食贵州》《贵州江湖菜》《黔西南风味菜》《贵州名厨·经典黔菜》序言作者。

　　茂钊和智勇总是能给我带来惊喜，让我这个耄耋老厨仿佛又回到青年时代，那时的我整天琢磨着如何做出好菜。这不，他俩又带来一本名为《贵州名厨·经典黔菜》的新书给我翻阅，我感慨颇多，忍不住脱口而出："我给你们写个序吧。"

　　我7岁时从四川璧山（今重庆璧山）来到遵义，13岁入厨，后来进入遵义地委招待所（现在的遵义宾馆），干到本世纪（21世纪）初，72岁退休，在厨艺江湖里游走了整整一个甲子，到现在仍然常常下厨，对名厨的概念一点都不陌生，可以说一生都在和名厨打交道，但从来没有把自己当成过名厨，反倒是老来被大家尊称为"中国黔菜泰斗"。

　　古代的名厨数不胜数。古有中国第一位厨子出身的宰相伊尹，帮助商汤统一了国家，又帮太甲中兴商朝，世人尊其为元圣。春秋时代有擅长调味的著名厨师易牙。春秋末年吴国名厨太和公精通制作水产品菜肴，尤以炙鱼闻名天下。唐朝一代女名厨膳祖对原料修治、滋味调配、火候文武无不得心应手，她做的菜被编入唐朝丞相段文昌的《食经》及段成式的《酉阳杂俎》两本著作中。五代时期尼姑、著名女厨师梵正以创制"辋川小样"风景拼盘而驰名天下，她将菜肴与造型艺术融为一体，使菜上有山水、盘中溢诗歌，被称为工艺菜的鼻祖。南宋有民间女厨师宋五嫂，宋高宗赵构乘舟游西湖时品尝了她做的鱼羹后赞不绝口，奉其为脍鱼之"师祖"。明末清初秦淮名妓董小宛善制菜蔬糕点，尤善桃膏、瓜膏、腌菜等，创制扬州名点灌香董糖、卷酥董糖和名菜虎皮肉，名传江南。清朝《随园食单》作者袁枚家的掌勺大厨王小余，是一位烹饪专家，身怀技艺，"闻其臭者，十步以外无不颐逐逐然"，袁枚为其作《厨者王小余传》。

　　我不妨也来说说名厨，尤其是贵州名厨。名厨，顾名思义就是很出名的厨师了，是长期坚持在一线工作岗位上烹饪菜肴，有着高超的烹饪技能，拥

有丰富的管理经验和诸多的社会头衔，在餐饮行业中起带头作用的大厨。贵州名厨也就是活跃在贵州餐饮业和黔菜企业里的佼佼者，茂钊在他的《黔菜观察》一书中撰写的《黔菜百年人物谱》，算是比较全面的当代贵州名厨谱。

李克强总理在2016年政府工作报告中指出，鼓励企业开展个性化定制、柔性化生产，培育精益求精的工匠精神。近些年来，"中国智造""中国创造""中国精造""工匠精神"成为共识，难能可贵。贵州省人社厅和财政厅根据相关文件审批的吴茂钊技能大师工作室，能以行业发展为己任，培养工匠，以智造、创造、精造为精神，组织54位行业名厨出版图书，这些具有工匠精神的真正的贵州名厨，值得出书立传，也只有图书可以让名厨流芳百世，永远相传。

书中细数54位贵州名厨，评鉴100多道经典黔菜品种和宴席，特别收录了同为耄耋之年、比我小5岁的贵州省食文化研究会首届秘书长张乃恒老友为每位名厨撰写的诗歌，吴茂钊领头，杨波、张乃恒、张智勇、庞学松等主撰的七字带姓名标题和五字菜名，诗情画意，优雅舒心。希望这些贵州名厨做到：坚持不懈地从事黔菜烹饪文化的研究、探索和传播工作；提高烹饪的品位和黔菜饮食文化的修养，具备高超的厨艺技能；擅长厨政管理、市场营销、成本控核、菜品开发的执行和文件起草；倡导创新文化和绿色食品、绿色环保、绿色消费，在食品安全、卫生安全、服务安全等方面拥有完整的科学体系；充分运用完整的现代化餐饮管理模式，注重对新一代卓著创新的年轻厨师的培养；对中外烹饪有较高深的造诣，对黔菜、中国菜的发展做出突出的贡献。

茂钊和智勇都是我的入门弟子，茂钊好学习，从烹饪专科、中文本科到农业推广硕士，未曾离开过烹饪，20年来从事黔菜教育和宣传工作，忘我的工作精神值得赞扬；智勇从厨师、老板到行业协会的执行者，做良心餐饮，推动地方经济发展，可圈可点。两人同我一样，不把自己当名厨，甘为名厨唱赞歌，推动黔菜发展。这也是我主动为他们点赞，为他们的著作接二连三写序言的人生动力和推动黔菜发展的责任，期盼见到更多的黔菜图书作品。

为经典黔菜助力和呐与喊

张乃恒：高级经济师、黔菜书院讲师团荣誉团长，出版有《黔菜传说》《青山夕照》《夕阳文集》，主编《中国酒都·仁怀》《中国特产大典·贵州卷》，为《苗家酸汤》《贵州农家乐菜谱》《贵州风味家常菜》作序。

张乃恒

　　去年，茂钊在他创办的大黔菜微信公众号平台上推出了黔菜星秀专栏，宣传一线厨师的菜品，展示他们的各种才能。我退休后担任贵州省食文化研究会首届秘书长，之后再次退位赋闲在家，且与茂钊合作出版了《黔菜传说》诗集，这次我主动请缨，为经典黔菜助力，为贵州名厨呐喊，为黔菜发展出力，为贵州腾飞加油。

　　贵州是我的第二故乡，在三线建设时期为支援贵州建设举家迁来贵州，从军工企业到地方酒企，急转弯式的工作方式和环境的变化，让我深深地爱上了贵州这片神奇而美丽的土地。半个多世纪以来扎根贵州，了解贵州，我已然是一个虽不会说贵州话、不怎么吃辣椒，却嗜好贵州菜的贵州人了。我在贵州省食文化研究会秘书长工作7年，与茂钊在贵州美食科技文化研究中心和贵州省食文化研究会工作8年，同茂钊亦师亦友的忘年交共16年，我们月月见、周周聊，总有说不完的话，这让我也半步踏进了黔菜界。正所谓酒菜不分家，食文化是一家。

　　食文化围绕着人们的一日三餐，是中国灿烂文化的结晶。传承当从食文化开始，而黔菜传承，刻不容缓。无论是学院派的教育与传承，还是师徒间的传授与继承，都是为了传承。国家早就开启了非遗传承工作：搭建非遗传承人学术平台，建立产学研示范基地，推动传承人产业项目研究和创作，保护传承特色样式，转化传播艺术资源，消融城乡文化边界，培养提升民众素质等。

　　黔菜传承的主题定位在贵州名厨对于经典黔菜的传承上。关于黔菜的记载古已有之，从逐鹿中原的蚩尤后代伊始，他们南迁后在贵州食用的酸汤和五彩饭，到战国时代夜郎国酿造的枸酱，再到后来流传在民间的三国黄粑，明朝九龙献寿的荞酥，清朝名人丁宝桢的宫保鸡丁，清道光年间遵义鸡蛋糕。现代黔菜经历了民国时期餐饮业的繁荣与黔菜工艺的融合，解放初期南

下人口的口味的融合，公私合营后与传统口味的融合，三线建设时期新一轮口味的调整，以及改革开放前后黔菜的起步、发展、繁荣与衰败。新世纪前后的发展浪潮带来黔菜的崛起，十余年间黔厨的奋进，见证黔菜形势一片大好，经典黔菜正当时。

我陪同茂钊夜战三个月，智勇会长在黔西南选拔全省名厨，从1000人中筛选出157人，由茂钊编写黔菜星秀的个人信息和菜品图片，我负责创作展示黔菜星秀的通俗诗歌。经过严格的二次遴选，54位黔菜之星脱颖而出。已立项的贵州省吴茂钊技能大师工作室将此项目纳入工匠培养计划，由团队核心成员吴茂钊、张智勇、杨波等联络和组织，集中采集菜品图片，保障原创和对部分菜品进行升级换代。54位贵州名厨不辞辛劳从四面八方赶来，带着特色食材、专用器皿，与前来支援的四川烹饪杂志社的主编与摄影师，共同奋战，获取第一手资料。教学任务和厨房工作繁重的杨波与名厨们经过三个月的对接，整理、撰写出初稿，由智勇核对编辑，最后在茂钊手上进行三个月的整体编辑、打磨成形，这一切都是为了《贵州名厨·经典黔菜》一书的出版。

我完全赞同古德明泰斗对贵州名厨的定义、期望与要求，认同图书是记录一个时代成果永久性地流传而不会随时间的流逝而消亡的好方法。这就是传承的力量，也是创作经典黔菜的目的，将传统的技艺通过传授与继承让非物质文化遗产流传开来。我们主撰的重心在于将贵州名厨的技艺整合成适合传播的形式，集中力量，推向市场。

《贵州名厨·经典黔菜》代表着一股正能量，它是我们共同努力的结果。我们希望有更多的有识之士参与进来，出版第二部、第三部的图书，将黔菜之花开遍全世界。也希望共同保护身怀绝技的新老黔菜艺人，发挥他们的"传帮带"作用，结合工匠培养和编撰委员会在各个文化出版领域的优势，参考非遗培训的方式，培养出更多年轻一代的黔菜非遗生产和管理人才，塑造出更多的贵州名厨；走黔菜传统工艺、现代烹饪工艺与烹饪科学相结合的新道路，搭建平台，共建黔菜非遗文化产业链基地。

为黔菜发展奋斗和赞与扬

—— 吴茂钊

去大学授课的时候，整天守着这群20岁左右的学生们，不经意间发现，同是烹饪专业的我，已大学毕业20年。20年来，我的人生轨迹一直坚守在黔菜发展的岗位上。不，貌似从记事开始，40年来，我的人生目标就是为了黔菜发展而奋斗。

出生于烹饪世家的我，从4岁开始站在板凳上学做现在被称之为"金裹银"的苞谷饭，12岁时就敢一个人独自操办12桌的生日宴席；离家求学的中学时期，学习之外的时间都用来为自己做饭了；大学时期半工半读，在酒楼和酒店的厨房里打拼，那时候我的理想是做一个"厨神"。我一直在自己奋斗，也一直期盼得到别人的肯定。

恰逢其时，王朝文老省长在全国人大民委任职期间，致力于为黔菜发声。他的团队在挖掘推广黔菜所需的真正的研究者和宣传者，于是发现了毕业不久、还在厨房工作同时在为媒体写稿子的我，突遇这样的好事，我想都没想就加入了他们。那时候发展黔菜的呼声确实不高，厨师队伍的低学历、不学无术和师徒派自我保护的情况过于严重，所以多年来我只敢说自己是"黔菜折腾人"。

赠人玫瑰，手留余香。我慢慢地发现应该为所有黔菜人点赞和表扬。2018年，我发起的贵州省吴茂钊技能大师工作室获得省人社厅和省财政厅审批，在贵州轻工职业技术学院开始建设。从申报之日起，我更加清晰地认识到赞与扬的重要性，为国家培养工匠的必要性。省里也接二连三地为黔菜发展创造条件，为黔菜鼓与呼、呐与喊，我们自然要发起赞与扬，努力感受途中的干与乐。

2018年3月，一次偶然的机会，我发现陈大江先生（他在黔西南州安龙县经营野菜坊）在朋友圈分享自己的烹饪和书法作品。经过沟通，我用我的大黔菜公众号平台为其推出黔菜星秀专栏，专栏一经推出就引起行业内外轰动，纷纷邀请我为他们宣传。随即84岁的贵州省食文化研究会首届秘书长张乃恒先生自告奋勇要为大家配诗歌，黔西南州饭店餐饮协会执行会长、贵州盗汗鸡餐饮管理有限公司董事长张智勇先生愿意分担组织和收集工作，三个月的时间，我们制作了共计157期黔菜星秀，得到业内外一致好评；但因工作量太大，我和张乃恒先生常在夜晚加班，所以后来暂缓免费宣传工作。

2018年暑假，我和张乃恒先生、张智勇先生，以及后期加入团队的龙凯江、高小书、黄永国、梁厚智、娄孝东、吴昌贵和杨波等人一起完善资料，在微信群里讨论后，从157人中遴选出54人（含郭应吉、付命琼夫妇，吴元

芳、吴起鹏父子），以黔菜之星进行二次宣传和资料更新，并于12月12日，在贵阳集中制作菜品，进行技术交流。大家一致认为应该出版一部图书，展示这一个时代的我们，发扬工匠精神，展现时代力量，将黔菜技艺传承下去，推荐有作为的贵州名厨，有意义的经典黔菜。相信十年、二十年、五十年后回望，这段经历都是最光荣、最美好的。

我国历史上出现了许多著名厨师，我们对这些名厨的了解源于史书和史料。不过当下"大师本本满天飞"，很多"证书"的含金量不高，似乎仅作为个人的收藏就好。要想将厨师自己的作品传承下去，为黔菜发展出一份绵薄之力，参与图书出版是最佳的选择。我们也期望通过这次出版，将贵州名厨的品牌和黔菜事业延续下去，让更多的厨师能够展现自我，为黔菜事业发光发热，也将贵州名厨的菜品和思想留给黔菜后来者。

经过一系列的筹划、组织和编辑，《贵州名厨·经典黔菜》得以出版。黔菜经营者可以通过这本图书，一次性了解54位贵州名厨和他们的经典黔菜，包含114道名厨菜肴和宴席，妙哉，妙哉！这也是厨师们的福音，黔菜人终于有了自己的展示平台，终于有了自己追求和奋斗的目标。

为黔菜发展奋斗的伙伴们，我为你们点赞。

2020年1月于花溪大学城贵州轻工职业技术学院
贵州省吴茂钊技能大师工作室

组织序

为黔菜辉煌加码和干与乐

张智勇

我在黔菜行当摸爬滚打三十年有余，作为贵州人，尤其是黔菜人，说起黔菜怕是三天也道不尽、说不完。从黔西毕节到黔西南，我从厨师做起，将家中祖传的盗汗鸡作为主菜开餐厅，做老板一做就是30年，于1992年注册商标"盗汗鸡"，并注册贵州盗汗鸡餐饮管理有限公司。可以说我一辈子只做一道菜，一辈子就专注一份事业，一辈子只为黔菜辉煌加码，为黔菜撸起袖子加油干，为黔菜辉煌而欢乐。

我与茂钊因为黔菜相识十余年，未曾间断联系。在餐饮转型期，我一度有些灰心，后来茂钊组织"寻味黔菜——考察宣传活动"，来到黔西南做百年美食争霸赛的评审，再次与坚持在黔菜发展前沿的茂钊相见，瞬时点燃了我即将磨灭的对黔菜的激情。而且我与茂钊都是黔菜泰斗古德明先生的崇拜者和追随人，先后拜师成为师兄弟，这让我们越走越近。偶然机会，我们一同举办授徒仪式，我收高小书为大徒弟，茂钊收王利君做大弟子。师兄弟同堂授徒，都旨在为黔菜发展寻找志同道合之人。

黔西南州饭店餐饮协会王文军会长邀约茂钊团队指导和协助宣传大美黔菜品鉴展示活动，并邀请我加盟助阵，我与茂钊的团队一拍即合，一起合作出版了《金州味道》《黔西南风味菜》，取得了圆满结果。《黔西南风味菜》被纳入"味道中国系列丛书"，此书的封面体现了黔西南的饮食风格，美味的盗汗鸡浮现在满目绿色中，获得大家的一致好评。

我们的合作默契到一个手势就能明白彼此的想法，彼此绝对信任，相互支持，从黔菜星秀、黔菜之星到《贵州名厨·经典黔菜》，我们有着同样的目标。我们之间既无门派之争，也不论资排辈，甚至不计较年龄。乃恒老先生、茂钊和我夜战3个月推出157期黔菜星秀，再次遴选推出54位黔菜之星。这54位贵州名厨都心系黔菜，用行动传承经典黔菜。

这种无须多言的干劲，正是黔菜的希望，黔菜企业的福音，黔菜人的追求目标。有人、有思想、有干劲，一切困难都会迎刃而解，顺理成章。《贵州名厨·经典黔菜》搭起黔菜人与黔菜企业之间的桥梁，让黔菜人与黔菜企业之间相互了解，夯实黔菜发展之路，共创黔菜辉煌。

黔菜辣香异酸、古朴醇厚、野趣天然、风味独特、民族气息浓厚。60后贵州民族菜大师、酸汤王子龙凯江，用实力诠释了苗家酸汤的原始风味；吴大财长期从事烹饪职业技能培训工作，将传统手工艺菜品、传统装盘技术与现代烹饪理论相结合。70后的名厨娄孝东、廖涌臣、王坤平、赵梓均、尹文

学、潘绪学、龙胜、梁伟、犹亮、黄永国、郭英杰、成锐、吴显洪、岑洪文、熊学军、吴昌贵、刘祖邦和我国台湾黔菜经营第一人叶国宪，他们用实力说话，工作大多集中在教育教学和餐饮经营上，多是企业的骨干力量。80后的代表杨昌品、杨波、安朝明、黄昌伟、郑开春、庹修义、梁厚智、廖静、吴廷光、黄进松、高小书、陈大江、任亚、林茂永、周刚辉、杨绍宇、刘正友、郭茂江、李修富、潘万桥、周定欢、刘纯金、樊小均等人则是贵州名厨中的青年顶梁柱，多担任自营企业股东或餐厅高管、学校骨干教师等职位。年轻的90后贵州名厨廖浩宇、吴起鹏、陈宇达、熊远兵、吴兴、郭茂胜、雷继凡、梁建勇、兰顺江等人，无论是师徒派，还是学院派，都是快速成长起来的新一代黔菜从业者，是烹饪院校的中坚力量、研发人员，在企业中做高管或技术领军人，肩负黔菜传承的重担，是承上启下的一代。

之所以没有选择已退休和即将退休的50后代表，是想给年轻人提供更多的机会，不过编委里确实有生于上个世纪30年代、40年代的专家顾问和名厨，他们一直在关心和指导年轻一代黔菜人。希望《贵州名厨》可以出版更多的版本，甚至可以出版《贵州名厨》的个人专辑，让更多的黔菜书籍摆上全国甚至全球的书店，让更多的人知道黔菜。

黔菜这枝迟开的花朵，摇曳着身姿，光彩夺目，在生态贵州这片神奇的土地上绽放。《贵州名厨·经典黔菜》是黔菜辉煌的起点，是黔菜人发光发热的阵地，让我们撸起袖子加油干。

2020 年 1 月于中国金州黔西南兴义市贵州盗汗鸡餐饮管理有限公司
盗汗鸡酒楼

目录

贵州名厨经典黔菜

庚子夏月陈大江

朴实无华龙凯江
你留给我好印象
探讨黔菜有独见
音容语气未能忘

从师华人郝黔修
古门谢文新助力
深研苗家制酸道
古为今用创酸汤

酸汤鱼成经典菜
苗家酸汤献良方
门下弟子遍各地
酸汤王子美名扬

黔菜书刊为副编
多家电视上采访
高级酒店聘顾问
致力黔菜有担当

龙凯江，苗族，1965 年出生于贵州省黔东南苗族侗族自治州凯里市。他是实力派民族菜大师，黔菜之星，中国黔菜文化传播使者，中国烹饪大师，贵州民族菜大师，贵州餐饮文化大师，中式烹饪高级技师，国家高级营养师，国家级高级考评员。

龙凯江师从黔菜名师、美籍华人郝黔修，另在遵义学习期间受到遵义宾馆谢文新先生指导，尊其为师长。龙凯江入厨以来，一直坚守在厨房技术操作和厨房管理的岗位上，对凯里酸汤的制作和创新做出了极大的贡献。他曾担任全国多家酒楼的民族菜厨师长、行政总厨，兼任多家民族菜酒楼的顾问，长期在全国培训与传播苗家酸汤技术与经营理念，其弟子遍布全国各地，是行业中公认的"酸汤导师"，被称为"酸汤王子"。

龙凯江致力于贵州民族菜的研究与推广，长期从事职业技能鉴定工作、赛事评委工作，担任中国食文化研究会黔菜专业委员会副会长，黔东南州民族饭店烹饪协会专家委员会主任，工行黔东南分行营养食堂行政总厨，并担任《苗家酸汤》主编，《火锅菜》《干锅菜》《砂锅菜》《铁板菜》《贵州风味家常菜》《贵州江湖菜》副主编。

龙凯江调试白酸汤

贵州电视台采访龙凯江并拍摄其制作酸汤鱼

酿汤导师 龙凯江

酸汤鱼火锅

贵州知名黔菜。汤汁红亮，微辣味香，鱼肉细嫩，具有民族风味。

用料

活鲤鱼............	猪油............30克	姜末............适量
......1条（约1千克）	黄豆芽........100克	葱末............适量
清米酸汤......2500克	鱼香菜..........50克	蒜末............适量
糟辣椒西红柿酱..500克	葱..............适量	木姜子油........适量
小青椒.........30克	时令鲜蔬........4盘	盐..............适量
西红柿.........30克	煳辣椒面........适量	味精............适量
桃菜..........150克	花椒面..........适量	花椒面..........适量

制作方法

1. 活鲤鱼宰杀治净，在其背上斩数刀；小青椒、西红柿切块，桃菜用手撕成段。

2. 用煳辣椒面、花椒面、姜末、葱末、蒜末、盐、味精、木姜子油配制成蘸水。

3. 净锅上火放猪油烧热，下糟辣椒西红柿酱，炒香出色时，注入清米酸汤煮开，下姜、蒜、青椒块、黄豆芽、西红柿块煮熟，调好滋味，放鱼、桃菜煮熟，撒鱼香菜和葱，带火上桌，配上蘸水和时令鲜蔬即可。

传统酸汤鱼

经典传统菜，民族佳肴，苗家酸汤鱼原型。色泽清爽，鱼肉鲜嫩，清香味醇，酸香浓郁，口味独特。

用料

鲜活鲈鱼....... 1条（约750克）	大蒜...... 10克
	鲜花椒... 25克
清米白酸汤 1500克	木姜子... 5克
	盐........ 4克
细长青椒.. 300克	味精...... 1克
嫩姜........ 5克	生抽....... 5克

制作方法

1. 将鲜活鲈鱼宰杀、刮鳞、去内脏、清洗干净，在其背上连斩数刀。

2. 炒锅置旺火上，注入清米白酸汤烧沸，加入盐调好味，投入鲈鱼煮至刚熟为佳，捞出装入盘内。

3. 将细长青椒放在炭火上烧至皮焦肉熟取出，撕去表面的黑皮，放入擂钵内，加嫩姜、大蒜、鲜花椒、木姜子捣碎，盛入容器内，加盐、味精、生抽搅拌均匀，舀入盘内，置于熟鱼的旁边即成。

白酸汤田鱼

创新菜，火锅。汤色米白，鱼肉细嫩，酸鲜爽口，增进食欲。

用料

鲜活稻田鱼.. 数条	香菜....... 5克
清米白酸汤..... .... 2500克	煳辣椒面... 25克
	盐........ 6克
青线椒.... 30克	味精...... 1克
小西红柿... 50克	鸡精...... 1克
黄豆芽.... 100克	花椒粉.... 2克
姜片........ 8克	木姜子油.. 2克
姜末........ 3克	熟猪油.... 30克
蒜末........ 5克	
香葱....... 10克	
葱花........ 3克	

制作方法

1. 将鲜活稻田鱼用清水喂养1～2天后，在鱼鳃第三片鱼鳞处横划一刀，取出苦胆，不刮鱼鳞，洗净；青线椒、香葱、香菜分别洗净，切成段。

2. 按人数取小碗，分别放入煳辣椒面、花椒粉、姜末、蒜末、盐、味精、木姜子油、葱花兑成煳辣椒蘸水。

3. 炒锅置旺火上，掺入清米白酸汤烧开，放入青线椒段、小西红柿、姜片稍煮，加盐、味精、鸡精调好味，投入稻田鱼煮至刚熟，起锅盛入垫有黄豆芽的火锅盆内，淋入熟猪油，撒入香菜段、香葱段，上桌开火，配上煳辣椒蘸水食用。

多顶大师桂冠戴
却走山水壮胸怀
心存忠孝义家国
黔菜培训吴大财

师从大师谭英杰
泰斗古师授厨脉
博采众长善求教
黔菜教学有气派

扶贫攻坚抓教育
乡下青年学黔菜
传授厨艺二十年
多少桃李出山外

烹无定法味多选
适口者珍不言败
继承传统勇创新
不误子弟有期待

大娄山上留足迹
乌江身影涌澎湃
黔北大地赞歌起
欢呼黔菜创未来

吴大财,1968 年出生于贵州省遵义市播州区。他是中式烹调高级技师,国家职业技能鉴定高级考评员,国家高级营养师,中国烹饪大师,贵州名厨,黔菜传承人,黔菜之星,中国黔菜文化传播使者,中国食文化研究会黔菜专业委员会副会长,黔菜书院讲师团高级讲师,中式烹饪职业培训师。

吴大财于 1992 年开始学习烹调技术,师从黔菜大师谭英杰,在昆明永平饭店、遵义邮政宾馆、维也纳宴会大酒楼、维多利亚大酒店、大昌隆海鲜城等多家酒店和宾馆从厨 15 年。他带领团队圆满完成全国第十届少儿航模大赛、贵州第四届旅发大会参赛者的餐饮接待任务,并在汶川地震期间完成招待经过遵义的上万名公安、武警、志愿者的就餐任务,得到市领导的好评。

他 2000 年开始在贵州省劳动厅教育培训中心、遵义市劳动局、航天职院等近十家培训单位从事厨师培训工作,得到中国黔菜泰斗古德明老师的指点。2010 年在古德明、老省长王朝文的带领下,他与黔菜大师关鹏志、黄铭富、王世杰等共事于六盘水市水城职校黔美味厨师培训班,并于两年后返回遵义从事烹饪教学工作,现担任贵州黔厨厨师培训学校常务副校长。他从事烹饪技术培训工作至今已二十余年,培训厨师和烹饪爱好者上万人。为弘扬中国烹饪文化,他曾与世界拳王邹市明一起在北京助推黔菜出山、助力脱贫攻坚。他是《黔菜味道》核心创作人,并担任《贵州风味家常菜》《贵州名菜》编委。

电视台采访扶贫攻坚培训中的吴大财老师

吴大财与培训学员留影

吴大财与中国黔菜泰斗古德明合影

培训导师 吴大财

秘制尖椒鸡

传统热菜。色泽艳丽，质地熟嫩，麻辣鲜香，家常味浓。

用料

土仔鸡..........600 克	干辣椒段..........25 克	料酒..........10 克
无壳板栗..........150 克	鲜花椒..........25 克	醪糟汁..........5 克
青线椒..........150 克	豆瓣酱..........15 克	水淀粉..........15 克
西红柿..........100 克	豆腐乳..........8 克	藤椒油..........30 克
姜片..........5 克	盐..........2 克	蚝油..........2 克
蒜片..........8 克	白糖..........2 克	熟菜籽油..........
薄荷叶..........5 克	辣鲜露..........4 克	...1 千克（约耗 30 克）

制作方法

1. 选用一年左右的土仔鸡，宰杀治净，剔肉切成中丁，放入盛器内，加姜片、蒜片、盐、蚝油、料酒、水淀粉码味上浆，润油；剩余的鸡骨斩成小块，用清水漂净血水；无壳板栗、西红柿、青线椒分别洗净，切成大丁。

2. 炒锅置旺火上，放入熟菜籽油烧热，下入控过水的鸡骨块煸炒至断生，并炒至水分收干，加干辣椒段、豆瓣酱煸炒至出香味，再放入料酒、豆腐乳、白糖、辣鲜露、醪糟汁烧至入味，捞出控汁，装入盘内垫底；将码好味的鸡丁下入锅内，烧至熟透，加板栗丁、西红柿丁烧至入味，起锅装入盘内的熟鸡骨块上，撒入薄荷叶。

3. 炒锅治净，放入熟菜籽油、藤椒油烧至八成热，下入青线椒丁、鲜花椒炸香，起锅急速浇淋在盘内的熟鸡肉上炝香，加薄荷叶点缀即成。

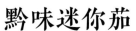

黔味迷你茄

创新热菜。色泽鲜艳，质地熟嫩，糟辣味香，形似灯笼。

用料

嫩长茄子........300 克	味精.............1 克	水淀粉..........15 克
牛肥瘦肉........80 克	鸡精.............2 克	香油.............1 克
姜末.............5 克	胡椒粉...........1 克	红油............15 克
蒜末.............3 克	白糖.............4 克	糟辣汁..........25 克
葱花.............3 克	陈醋.............3 克	色拉油...........适量
盐...............3 克	姜葱水..........25 克	

制作方法

1. 把嫩长茄子洗净，纵切成两半，再切成 6 刀一断的连夹茄子块，放入淡盐水中浸泡片刻；将牛肥瘦肉洗净，剁成细肉末，加盐、味精、鸡精、胡椒粉、姜葱水、水淀粉、香油搅至上劲，填入连夹茄子块内，待用。

2. 炒锅置旺火上，放入色拉油烧至五成热，逐个下入茄子块炸至熟透，捞出控油，装入盘内；锅内放入姜末、蒜末、糟辣汁，加盐、味精、胡椒粉、白糖、陈醋调好味，勾入水淀粉收薄汁，淋入红油，起锅浇淋在盘内的茄子块上，撒入葱花即成。

柳河庄园认识你
厨艺管理有德风
水绕山庄升灵气
黔菜名师娄孝东

朝文省长赞誉你
彝族文化独有情
研讨民族美食史
追逐黔菜心怀梦

山水虽美人贫困
弃厨从教为民生
多地扶贫抓培训
厨艺脱贫富路通

盘中花开皆艳品
烹饪奇人名气红
西博会上夺金奖
弘扬黔菜立首功

娄孝东，1970 年出生于贵州省贵阳市云岩区。他是中式烹调高级技师，省级评委，省级评审师，中国烹饪大师，贵州餐饮文化大师，贵州名厨，黔菜传承人，黔菜之星，中国黔菜文化传播使者，中国食文化研究会黔菜专业委员会副会长，黔菜书院讲师团高级讲师，贵州省食文化研究会毕节民族饮食文化研究所原副所长，中式烹饪职业培训师。

娄孝东 1987 年入厨贵州交通宾馆；1989 年贵州饭店成立时任主厨；1993 年在贵阳华联酒店任厨师长；2000 年起在毕节市银鹤酒店任行政总厨，2005 年在毕节柳河生态园任董事、行政总厨；2013 年起受邀担任贵阳市女子职业学校校外烹饪培训班教师、校内客座教师，后担任铜仁恒太职业培训学校常任烹饪教师，服务于山乡扶贫项目，助力脱贫攻坚，培训学员数千人。

娄孝东 2004 年代表毕节参加成都西博会，负责设计和参与制作的大方奢香宴获特金奖、组织奖、突出贡献奖。他多次参与组织烹饪大赛，并担任评委、裁判长。他的作品发表在《中国烹饪》《四川烹饪》等杂志上。他是《贵州名菜》副主编、《贵州风味家常菜》《贵州江湖菜》编委和《黔菜味道》核心创作人。

娄孝东与培训班学员留影

培训学员喜欢娄孝东参与编写的《贵州风味家常菜》

娄孝东在乡村扶贫培训中体验农村烧菜

厨艺扶贫

娄孝东

黔岭酸酥鱼

热菜。色泽鲜艳，质地酥脆，酸香可口，佐酒佳肴，民族风味。

用料

鲜活草鱼............
......1条（约1千克）
鲊辣椒.........250克
灌辣椒.........500克
鸡蛋.............1个
面粉...........80克

干淀粉..........80克
姜片.............5克
香葱段...........5克
盐...............3克
味精.............1克
鸡精.............2克

料酒............15克
花椒油...........3克
香油.............2克
熟菜籽油............
...2千克（约耗50克）

制作方法

1. 将鲜活草鱼宰杀治净，将鱼去骨、去皮，切成斜刀片，放入盛器内，加姜片、香葱段、盐、味精、鸡精、料酒拌匀，腌制片刻；面粉、干淀粉按1：1比例放入盛器内，加鸡蛋、盐、熟菜籽油调制成全蛋糊。

2. 将灌辣椒放入蒸锅内蒸10分钟，取出后改刀，下入油锅中炸至表面紧皮，捞出控油。

3. 炒锅置旺火上，放入少量熟菜籽油烧至六成热，下入鲊辣椒炸至酥脆，捞出；锅内再次放入油烧热，将腌制好的鱼片挂上全蛋糊，逐片下入油锅中炸至金黄酥脆，捞出控油；锅内留底油，投入酥鲊辣椒、酥鱼片，加盐、味精、鸡精翻炒均匀，淋入花椒油、香油炒匀，起锅装入盘内，放入炸好的灌辣椒点缀即成。

大方麻胶汇

甜品。色泽亮丽，质地滑嫩，清甜爽口，滋补养颜。

用料

大方天麻........100 克   干银耳..........50 克   野菊花...........8 克

天然桃胶........25 克   冰糖............80 克   矿泉水........1500 克

制作方法

1. 把大方天麻去皮，洗净后切丝，用清水泡软；用冷水浸泡天然桃胶至 10 小时以上，直到没有硬芯、清澈透明，淘洗去渣；用温水浸泡干银耳 30 分钟至软，用手去蒂，撕成小块；野菊花取下花瓣，用清水浸泡片刻。

2. 取无油汤锅，注入清水置旺火上，先下入银耳，烧开后，转为小火慢炖 1 小时，稍微黏稠时，再放入桃胶、冰糖熬 30 分钟，下入天麻丝熬至汤汁浓稠，离火冷却后放入冰箱内，冰镇 30 分钟后取出，分别装入汤盅内，撒入野菊花花瓣点缀即成。

遵义大厨廖涌臣
卅年厨艺苦追寻
营养协会副会长
以食滋润善均衡
深研食材营养素
阴阳五味再深耕
高级公共营养师
多家酒店当顾问
皇家御宴有借鉴
现代营养更用心
梦里莲乡一桌宴
色味争艳耳目新
职院烹饪为教师
培育学生创水平
弘扬黔菜有艺术
美食美学令人欣

廖涌臣,1971 年出生于贵州省遵义市。他是中式烹调技师，国家职业技能鉴定考评员，高级公共营养师，贵州名厨，黔菜传承人，黔菜之星，中国黔菜文化传播使者，遵义市营养协会副会长。

廖涌臣 1989 年在重庆宾馆旗下的百灵饭店学习厨艺；2003 年起先后担任遵义渝穗香酒楼、青蓬酒家、云轩阁酒家、乡里人家、兴记大蓉和餐饮管理公司厨师长、夜班主管、行政总厨、技术顾问等职位；2014 年起担任遵义职业技术学院外聘烹饪教师、中餐烹饪培训部负责人，是《黔菜味道》《贵州名菜》编委，并先后完成《中餐烹饪基础》《食品营养与卫生》《水产品加工》《烹饪原料学》《烹饪工艺》等课程教学工作。作为烹饪教师，他认真备课，专心讲课，为加强学生的动手能力，指导他们利用课余时间到食堂窗口进行实训操作，在提升技能水平的道路上积极探索、大胆尝试，得到领导、老师和学生的好评。

廖涌臣与袁伟民先生合影

廖涌臣与侯胜才先生合影

廖涌臣在中国皇家菜博物馆留影

美食美学　廖涌臣

辣乡小炒肉

热菜。色泽红亮，质地
软绵，咸鲜略辣，佐饭
佳肴。

用料

猪三线五花肉.... 350 克	盐................ 2 克	甜面酱.......... 5 克
灯笼泡椒....... 100 克	味精............. 1 克	料酒............. 8 克
姜片............. 5 克	鸡精............. 2 克	红油............ 15 克
蒜片............. 3 克	白糖............. 2 克	色拉油.......... 适量
蒜苗............ 30 克		

制作方法

1. 把猪三线五花肉去皮，洗净后切成片，放入盛器内，加甜面酱、料酒腌制 15 分钟待用；蒜苗
   洗净，切成马耳朵段。

2. 炒锅置旺火上，放入色拉油烧至五成热，下入腌制好的肉片爆炒至微干，捞出控油；锅内留
   底油，爆香姜片、蒜片，下入灯笼泡椒略炒香，投入爆炒好的肉片，烹入料酒，加盐、味精、
   鸡精、白糖等调味料翻炒均匀，撒入蒜苗段，淋入红油，起锅装入盘内即成。

用料

牛尾..................	蒜片.............. 8 克	纯牛奶........... 50 克
.....1 根（约 1500 克）	淀粉............. 25 克	特制卤水........ 50 克
鸡蛋............ 5 个	糍粑辣椒....... 30 克	鲜汤........... 800 克
鲜百合......... 50 克	豆瓣酱......... 10 克	料酒........... 12 克
菜心.......... 100 克	麻辣火锅底料..... 10 克	色拉油......... 适量
红小米椒........ 1 颗	盐.............. 3 克	金丝窝......... 1 个
姜片............ 5 克	鸡粉............. 2 克	

制作方法

1. 用燎火烧净牛尾的绒毛并刮洗干净，斩成 6 厘米长的段，放入沸水锅中，加料酒氽水，捞出用清水冲净；纯牛奶倒进盛器内，加淀粉、盐、鸡粉搅匀；鲜百合掰成瓣，洗净，焯水；菜心洗净，焯水；红小米椒洗净，切成斜刀段。

2. 炒锅置旺火上，放入色拉油烧热，下入姜片、蒜片、糍粑辣椒、豆瓣酱、麻辣火锅底料炒至油红香味出，掺入鲜汤烧沸出味，用细漏勺捞出料渣制成红汤，投入牛尾段，调入特制卤水、盐、鸡粉，倒入高压锅内，盖上盖，置火上压至冒气，计时 15 分钟后端离火口，用清水冲凉；将焯过水的菜心与熟牛尾装入盘内，交错摆放好。

3. 敲开鸡蛋，用蛋壳隔离出蛋黄，只留蛋清，持打蛋器顺一个方向快速搅打至均匀；将搅好的牛奶、百合瓣倒入蛋清中搅拌均匀。

4. 炒锅放入色拉油烧热，下入蛋奶液，转小火并用锅铲顺一个方向快速翻炒，至其略微凝固，起锅装入盘中熟牛尾中间的金丝窝内，撒入红小米椒段即成。

雪花糯牛尾

热菜。色泽鲜艳，牛尾软糯，蛋清凝固如白玉，入口香滑，食材丰富，一菜双味。

一身军装伴其行
戎装素色显军情
专职巧遇从军路
扶贫尖兵王坤平

军中从厨显风骨
培训厨艺常驻村
贫困不除心不死
群众不富无安寝

执教厨艺教黔菜
多年培育五千人
大师典范厨艺高
脱贫笑语梦入云

研发红军纪念餐
盘盘菜品展心红
突出贡献获殊荣
不爱商海爱军营

王坤平，1971 年出生于贵州省遵义市习水县。现为习水县人民武装部职工、驻村干部。他是中式烹调高级技师，国家职业技能鉴定高级考评员，国家高级营养师，国家二级评委，中餐厨师长资格获得者，中国烹饪大师，贵州突出贡献烹饪大师，贵州名厨，黔菜传承人，黔菜之星，遵义市技术能手，习水县"贵州工匠"，扶贫尖兵。

王坤平 1991 年学厨，1998 年参加工作，现任贵州省习水县烹饪协会创会会长，长期致力于烹饪协会和烹饪技术培训工作，尤其是扶贫攻坚、驻村帮扶，已培训学员 5000 多人，入室弟子 60 多名。

王坤平工作 20 年，通过不断努力，获得全国、省、市、县多项烹饪大赛金银铜奖，多次组织和参加大型烹饪比赛，致力于研究绿洲红城"红军纪念餐"菜肴；长期参与地方重要接待工作的策划和制作。《中国烹饪大师名师》《贵州烹饪百科全书》《贵州省突出贡献大师集》《遵义烹饪辞典》《习水县军事志》《习水旅游宣传画册》等相关书籍收录其个人事迹。

王坤平荣获"贵州工匠"的称号

王坤平在"贵州工匠"颁奖现场

王坤平授培训课

军中名厨 王坤平

习水红汤羊

热菜。汤红油亮，羊肉酥烂，药香食补，麻辣味香。

用料

黔北麻羊........1千克	糍粑辣椒........50克	酱油............10克
姜块............50克	豆瓣酱..........30克	陈醋.............3克
蒜瓣............30克	细辣椒粉........50克	料酒...........300克
香菜段.........10克	盐..............5克	熟菜籽油.......150克
八角、花椒、草果、山奈、	味精............2克	羊油............50克
砂仁、桂皮、茴香、香叶	白糖............2克	大葱............15克
..............各5克	花椒粉..........5克	

制作方法

1. 把八角、花椒、草果、山奈、砂仁、桂皮、茴香、香叶用纱布包好成香料包，待用；将黔北麻羊治净，去骨，把羊肉放入冷水锅中，加料酒烧沸，捞出用清水冲净，然后放入大汤锅内，注入清水烧沸，撇去浮沫，加入姜块、料酒、大葱、香料包，用微火炖至羊肉熟透，取出晾凉，切成厚片。

2. 炒锅置旺火上，放入熟菜籽油、羊油烧热，下入糍粑辣椒、豆瓣酱、姜块、蒜瓣炒至出香味；再下入细辣椒粉、白糖炒至棕黑色，掺入羊肉汤烧沸，用细漏勺捞出渣料，投入熟羊肉片，加盐、味精、花椒粉、酱油、陈醋烧至入味，起锅装入盘内，撒上香菜段即成。

用料

三黄鸡............. ..... 半只（约1千克）	紫甘蓝............25克	盐............4克
冬瓜............500克	姜片............15克	白糖............3克
土豆............300克	蒜瓣............30克	胡椒粉............2克
青椒............50克	香菜段............5克	花椒粉............23克
红椒............50克	鸡蛋............2个	香料粉............5克
洋葱............50克	淀粉............50克	料酒............20克
大葱............30克	吉士粉............50克	生抽............10克
芹菜............30克	糍粑辣椒............50克	红油............30克
折耳根............30克	豆瓣酱............20克	鲜汤............100克
	花椒............5克	色拉油............适量

制作方法

1. 把三黄鸡宰杀治净，砍成块状，放入盛器内，加盐、白糖、胡椒粉、生抽、料酒搅拌腌制片刻；将冬瓜去皮，洗净后切成一字条；土豆去皮，洗净后切成滚刀块，用清水冲净，控水，加盐拌匀腌制片刻；青椒、红椒、洋葱分别洗净，切成滚刀片；大葱、芹菜、折耳根分别洗净，切成小段；紫甘蓝洗净，切成粗丝，用盐腌制片刻；鸡蛋磕入盛器内，去蛋黄，留蛋清加盐搅匀。

2. 炒锅置旺火上，放入色拉油烧至七成热，将冬瓜条放入蛋清拌匀，拍上淀粉、吉士粉，下入油锅中炸至金黄酥脆，捞出控油，待用；继续加热锅内的余油，将土豆滗去水分，下入油锅中炸至酥嫩，捞出控油，装入火锅盆内，加大葱段垫底；继续加热锅内的余油，将码好味的鸡块下入油锅中炸至熟透，捞出控油。

3. 锅内留底油，爆香姜片、蒜瓣，下入糍粑辣椒、豆瓣酱、花椒炒至出香味，投入熟鸡块、青椒片、红椒片煸炒至辣椒呈棕黄色，掺入鲜汤，加盐、花椒粉、香料粉烧至入味，下入洋葱片、芹菜段、折耳根段翻炒均匀，淋入红油，起锅装入火锅盆内的熟土豆块上，周围撒入炸好的冬瓜条，中间再撒上紫甘蓝丝、香菜段，带火上桌即成。

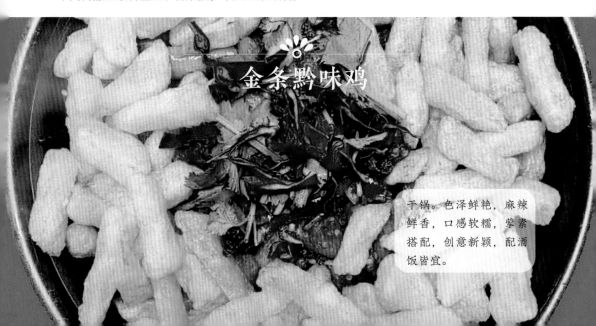

金条黔味鸡

干锅。色泽鲜艳，麻辣鲜香，口感软糯，荤素搭配，创意新颖，配酒饭皆宜。

从麻江山水走来
带西江苗寨风韵
爱好演绎厨艺里
多才多艺赵梓均

炉火映红了厨装
学员们注目欢欣
菜品如上美术课
每道菜渗透灵魂

干丝鳜鱼藏绿荫
饭团组含色缤纷
笋子肉片排八卦
西柿提篮樱报春

多家媒体诵美食
幅幅摄影意境深
扶贫济困授厨艺
言身齐教为育人

赵梓均，畲族，1974 年生于贵州省黔东南苗族侗族自治州麻江县贤昌镇。他是中式高级烹调师，贵州名厨，黔菜传承人，黔菜之星，中国黔菜文化传播使者，中式烹饪职业培训师。

赵梓均 1999 年出任连城公司后勤部厨房组长，管理厨房事务；2004 年返乡，在凯里石油宾馆学习高级厨师培训课程三个月后，在烹饪学校任教，从事下岗职工厨师培训工作；2005 年去北京，进入苗家笋笋酒店管理有限公司总部任酸汤调配师；2011 年在凯里草根谭风味庄做灶台厨师；2013 年起在黔东南州卫平烹饪技术学校任烹饪培训教师，在丹寨县、镇远县、锦屏县等地开展了多期烹饪技能培训工作；2015 年在黔东南广播电视大学任中职烹饪教师，并在西江千户苗寨侯家庄任厨师长，期间受邀深圳卫视宅人食堂栏目参与"苗家酸汤鱼"菜品的制作；2016 年，在剑河县凯悦酒店任厨师长，作品乡味宴在首届"舌尖剑河"大赛上获三等奖；2018 年，在贵州震华职业技术学校任烹饪培训教师，并担任《黔菜味道》《贵州名菜》编委。

赵梓均在深圳卫视制作苗家酸汤鱼

赵梓均获奖留影

赵梓均与参与拍摄"苗家酸汤鱼"的工作人员合影

多才多艺

赵梓均

傍桥花米饭

小吃。色泽艳丽，清香可口，搭配腌鱼、腌肉等食用，极具地方特色。

傍桥花米饭是流行于畲族民间的一种传统美食，在农历二月或七月，为了给小孩祈福求吉祥而特意制作的一道美食。

用料

白糯米..........3千克
鸡蛋..............8个
腌肉、腌鱼、腊肉、腊肠、
血豆腐、糯米血肠.....
...........各100克
菠菜...........30克
酸竹杆根.......50克
黄饭花.........15克
红心火龙果......50克
紫薯..........100克

制作方法

1. 把菠菜、酸竹杆根、黄饭花、红心火龙果、紫薯分别制成绿、淡黄、黄、红、紫色汁液，将备好的白糯米淘洗干净，分成6份，留一份白米饭，其余5份分别浸泡在各色汁液中12小时，倒出沥干水分，与糯米血肠一同蒸熟成彩色饭，装入竹制器皿中。

2. 将鸡蛋煮熟，分别染上红色、绿色，放入竹制器皿中的熟糯米饭围边，并用红纸、绿纸剪成花、树的形状点缀。

3. 将备好的腌鱼、腌肉、腊肉、腊肠、血豆腐分别切成薄片，用微波炉加热至熟，取出摆入盘内，与各色熟糯米饭一同上桌即成。

黄焖小黄牛

火锅。色泽棕红，质地软糯，香辣适中，肥而不腻。

用料

小黄牛净牛肉...	1500克	蒜苗段.........	30克	盐...............	4克
青线椒........	100克	香菜段.........	10克	鸡精...........	5克
红小米椒......	100克	鲜山奈.........	30克	胡椒粉.........	5克
灯笼泡椒......	50克	橘子皮.........	15克	十三香.........	10克
泡姜片........	30克	干辣椒段.......	30克	高度白酒.......	25克
生姜块........	50克	糍粑辣椒.......	100克	鲜汤...........	800克
大蒜瓣........	80克	豆瓣酱.........	30克	色拉油.........	适量

制作方法

1. 把小黄牛净牛肉洗净，切成小块，放入沸水锅中余尽血水，捞出用清水冲净，控水；青线椒、红小米椒分别洗净，切成小段。

2. 炒锅置旺火上，放入少许色拉油烧热，下入牛肉块爆干水分至出香味，装入盛器内；锅内再放入混合油烧热，下入生姜块、大蒜瓣、干辣椒段爆香，放入糍粑辣椒、豆瓣酱炒至出香味，再放入灯笼泡椒、泡姜片焖炒至出香味，投入爆炒好的牛肉块，烹入高度白酒，以大火翻炒至酒气挥发，掺入鲜汤，调入盐、鸡精、胡椒粉、十三香调味，倒入高压锅内，放入鲜山奈、橘子皮，盖上盖，置火上压至冒气，计时15分钟后，端离火口，用清水冲凉，取出装入火锅盆内。

3. 炒锅放入色拉油烧热，将青线椒段、红小米椒段、大蒜瓣一并下入锅中滑油后，调入盐，起锅浇淋在火锅盆内的熟牛肉上炝香，撒入蒜苗段、香菜段，上桌开火食用。

成人教育增文化
昌贵大师育厨道
追逐黔味心有梦
人如其名尹文学
菜品制作有诗韵
江南水乡扁舟摇
开办厨艺讲习所
研究黔菜喜探讨
多家酒店任主厨
竞赛评审品位高
震华职校任校长
厨艺比武有妙招
赞赏好学有传承
深爱黔菜善思考
菜品如人人如菊
愿让黔味云中飘

尹文学，1974 年出生于贵州省贵阳市息烽县小寨坝镇石桥村。他是中式烹调高级技师，中国烹饪大师，贵州餐饮文化大师，黔菜之星，中国黔菜文化传播使者，黔菜书院讲师团高级讲师，厨政管理师，职业规划师，职业中式烹饪培训师，贵州震华职业技术培训学校副校长。

尹文学师从中国烹饪大师吴昌贵，曾担任多家酒店和酒楼的主厨、厨师长、行政总厨、餐饮总监等职位，曾受聘贵阳市女子职业学校任兼职教师，在息烽县开展多期烹饪和家政培训工作。他对菜品研发、厨政管理、团队建设、烹饪培训有独到见解，是《黔菜味道》核心创作人，并担任《贵州风味家常菜》《贵州江湖菜》《贵州名菜》编委及《苗家酸汤》副主编。

尹文学参加黔菜发展开发研讨会

尹文学参与贵州大学烹饪研究实验

尹文学副校长送教乡村

人如其名 尹文学

彩豆扒芦笋

热菜。色泽鲜艳，质地软嫩，咸鲜味美，豆香浓郁。

用料

鲜芦笋..........500 克	姜块..........30 克	鸡精..........3 克
猪筒子骨......1500 克	香葱结..........10 克	胡椒粉..........2 克
红豆、绿豆、饭豆、豌豆、	葱花..........3 克	花生油..........30 克
黑豆..........各 50 克	盐..........6 克	鸡油..........10 克
蒜粒..........50 克		

制作方法

1. 把红豆、绿豆、饭豆、豌豆、黑豆混合成五彩豆淘洗干净，用清水浸泡 12 小时；将猪筒子骨治净，敲断，放入沸水锅中余水，捞出用清水冲净。

2. 将筒子骨、五彩豆放入高压锅内，注入清水，加姜块、香葱结、盐，盖上盖，置火上压至冒气，计时 20 分钟压至熟烂，端离火口自然冷却，再开盖。

3. 鲜芦笋洗净，切掉老根，放入沸水锅中，加盐、花生油煮至熟透，捞出控水，装入盘内摆放好；炒锅放入花生油烧热，爆香蒜粒，投入熟五彩豆煸炒至出香味，掺入原汤，加盐、鸡精、胡椒粉调好味，淋入鸡油，起锅浇淋在盘内的熟芦笋上，撒入葱花即成。

息烽阳郎鸡

用料

土公鸡.........3 千克	金钩豆瓣酱......20 克	白糖.............5 克
红皮独大蒜.....200 克	大红袍花椒......10 克	甜酒酿..........50 克
生姜块.........50 克	盐.............6 克	料酒...........30 克
香葱...........25 克	鸡精...........3 克	水淀粉..........30 克
糍粑辣椒......500 克	味精...........2 克	熟菜籽油......750 克
郫县红油豆瓣酱...80 克	胡椒粉..........5 克	熟猪油..........50 克

制作方法

1. 将土公鸡宰杀治净，改刀成块，放入盛器内，加盐、鸡精、味精、白糖、胡椒粉、料酒、香葱、生姜块、水淀粉拌匀，腌制入味。

2. 炒锅置旺火上，放入熟菜籽油 500 克烧至八成热，爆香大红袍花椒，投入腌制好的鸡块炒至水分收干，倒入高压锅内，盖上盖，置火上压至冒气后转小火，计时 7 分钟，端离火口，用清水冲凉。

3. 炒锅内继续放入熟菜籽油烧热，下入大红袍花椒、红皮独大蒜、糍粑辣椒，用小火炒至蟹黄色，下入郫县红油豆瓣酱炒熟后；再下入金钩豆瓣酱炒匀并入味，放入熟鸡块，烹入甜酒酿，加熟猪油、胡椒粉炒至水分收干，起锅装入盘内即成。

热菜。色泽棕红，肉质软糯，辣香醇和，回味悠长，风味独特。

岁月未洗去青春
充满乐观总是笑
军营厨房有信念
黔菜摄影潘绪学

推介黔菜为己任
追寻黔味影中找
不畏摄具肩上重
采风路上显自豪

盘中红肉注心血
菜品虽佳摄艺高
红色文化存记忆
牢记初心迎新潮

美食摄影登杂志
吸引众目心儿跳
首席摄影为大典
流芳后世再聚焦

潘绪学，1975 年出生于四川省遂宁市大英县，中共党员，退伍军人。他是中式烹调高级技师，贵州名厨，黔菜传承人，黔菜之星，黔菜书院讲师团高级讲师，中国黔菜文化传播使者，《中国黔菜大典》摄影总监。

潘绪学 1994 年开始学习摄影，从胶片机到数码傻瓜机再到现在的单反专业数码机。因长期从事餐饮工作，他逐渐从随手拍摄提升为专业美食拍摄，长期兼职菜谱摄影工作，并担任贵州美素风尚贸易有限公司总经理。

潘绪学 1997 年在贵州华联大酒店、四川成都庄子村酒楼等地学厨，师从中国烹饪大师娄孝东；2000 年先后在贵阳雅温餐饮有限公司、昆明雅温贵气天城、贵阳雅温玉食任冷案部长、热灶厨师、厨师长；2008 年在昆明紫宁洲酒楼先后担任总厨、总经理；2010 年任贵州贵乐速冻食品有限公司厂长兼餐饮部总经理；2016 年起任贵州幺当家餐饮管理有限公司总经理，担任红色文化主题餐厅有茗塘鱼馆贵州区总运营。他是《黔菜味道》核心创作人，并担任《干锅菜》《铁板菜》《砂锅菜》编委，《贵州风味家常菜》《贵州江湖菜》《黔西南风味菜》《贵州名菜》《中国黔菜大典》首席摄影，他的美食作品在《中国烹饪》《四川烹饪》杂志上发表。

潘绪学对菜品摄影追求完美

潘绪学菜品摄影作品

潘绪学菜品摄影作品

黔菜影像

潘绪学

三味能量鱼

新式火锅、干锅、烙锅合为一体。红酸汤鱼汤汁红亮，微辣味香，椒麻味浓，鱼肉细嫩，烙锅用料随意，麻辣鲜香。

用料

鲜活草鱼............1条（约2千克）	黄豆芽、二块粑、黄粑、土豆、活虾、韭菜、臭豆腐........各100克	大蒜............50克
清米酸汤......2500克	姜片............6克	葱花............20克
糟辣椒西红柿酱..500克	葱结............10克	五香辣椒面、煳辣椒面、花椒面、姜末、葱末、蒜末、木姜子油、盐、味精、鸡精、香菜末、鲜汤
花椒............50克	料酒............15克	
野山椒酱............120克	泡菜............30克	
猪油............80克	鲜青椒..........50克	............各适量
鸡蛋............4个		

制作方法

1. 将鲜活草鱼宰杀治净，切下鱼头，从鱼唇正中一劈为二，鱼身剔下两扇鱼肉，鱼骨砍成段，并把鱼肉上的刺去尽，片成0.5厘米厚的大片，将处理好的鱼头、鱼片及鱼骨分别放入盛器内，加盐、姜片、葱结、料酒腌制10分钟；二块粑、黄粑、土豆分别切成厚片；韭菜洗净，切成长段；活虾去头，入沸水锅中汆水；黄豆芽洗净，沥干水，装入子母锅内垫底待用。

2. 炒锅置旺火上，放入适量的猪油烧热，下入糟辣椒西红柿酱、姜片炒香出色，注入清米酸汤煮开，放入腌制好的鱼片，加盐、味精、鸡精调好滋味，起锅装入子母锅的母锅内待用。

3. 炒锅置旺火上，放入适量的猪油烧热，下入野山椒酱、泡菜、姜片炒至出香味，加花椒煸炒出麻味，注入鲜汤烧沸，加盐、味精、鸡精调好滋味，下入腌制好的鱼头煮至熟软，起锅装入子母锅的子锅内待用。

4. 鸡蛋打散成鸡蛋液，加入韭菜段、臭豆腐、盐搅拌均匀，配二块粑片、黄粑片、土豆片、韭菜段、虾，在带火的烙锅中依次烙熟，放入子母锅带的烙锅内。

5. 烙锅碟：用五香辣椒面、花椒面、盐、味精调制成干碟，边烙边蘸食。酸汤锅碟：将煳辣椒面、花椒面、姜末、葱末、蒜末、盐、味精、木姜子油配制成蘸水。椒麻碟：将鲜青椒和大蒜剁碎，加入少许子锅中的椒麻汤，放葱花和香菜末即可。

辣椒酱肝排

创新热菜。吃肝不见肝，金黄酥脆、入口鲜嫩。

用料

猪肝............ 250 克
鸡蛋............. 2 个
面包糠........ 300 克
干淀粉......... 100 克

姜片............. 10 克
葱段............. 8 克
盐............... 2 克

料酒............. 10 克
辣椒酱.......... 30 克
食用油.......... 适量

制作方法

1. 将猪肝用斜刀法切成厚片，放入盛器内，加清水、盐浸泡 30 分钟，再洗去血水，沥干后加盐、料酒、姜片、葱段拌匀码味；鸡蛋打入盛器内搅拌均匀，制成鸡蛋液。

2. 把码好味的猪肝片依次拍干淀粉，挂鸡蛋液，裹面包糠，串竹签。

3. 炒锅置旺火上，放入适量的食用油烧至六成热，将串好的肝片下入油锅中，炸至金黄酥脆，捞出沥油，装入盘内，配辣椒酱上桌即成。

黔菜出海渡台湾
推介黔味成典范
无畏海峡风浪起
牢记祖训叶国宪
祖籍广东未忘根
欲将黔菜台湾传
有缘相识吴茂钊
往返两岸结菜缘
创新黔菜情意绵
著书推介黔之味
邀请吴师办学班
走访黔州学厨艺
台北有了黔天下
黔籍老兵喜泪弹
一菜入口解乡愁
血脉相通一线牵

叶国宪，1975年出生于中国台湾，祖籍广东，毕业于台湾东吴大学。他是高级餐饮职业经理人、中华厨艺交流大使，贵州餐饮文化大师，贵州餐饮文化评审师，贵州名厨，黔菜传承人，黔菜之星，黔菜书院讲师团高级讲师，中国黔菜文化传播使者。

叶国宪于2008年萌发在台北市开黔菜馆的想法，通过网络联系上吴茂钊老师，在吴茂钊老师的全力支持和帮助下，在台北顺利开设东方馔黔天下贵州风味餐厅，并每年到贵州学习。2016年8月叶国宪邀请吴茂钊老师前去台湾指导，并请其参加在台出版的《黔之味，大厨带你吃贵州》图书签售会。

叶国宪在吴茂钊老师的指导下学习和制作黔菜，其制作的菜品深得台湾人和在台的贵州人的喜爱，是发扬黔菜的典范。

叶国宪受聘贵阳市女子职业学校、贵阳市旅游学校，任兼职教师，为学生讲授黔菜的制作要领及用黔料烹饪台湾菜。他是《黔菜味道》核心创作人，并担任《贵州风味家常菜》《贵州江湖菜》《贵州名菜》副主编、《中国黔菜大典》编委。

黔天下首席厨师叶国宪亲自制作从贵州学到的镇店菜品盗汗鸡

叶国宪与受邀入台的吴茂钊老师一同为《黔之味，大厨带你吃贵州》首发仪式表演黔菜后与食客留影

叶国宪经常在中国台湾开办黔菜讲座、录制节目

宝岛黔菜

叶国宪

苗寨干锅鸡

热菜。台湾黔天下贵州风味餐厅代表菜，源于黔东南苗寨，汁浓味美、肉质脆嫩、香辣醇厚。

用料

仔公鸡......... 1只（约1200克）
土豆片（炸过）.. 300克
黄豆芽... 100克
青椒块.... 250克
红椒块.... 250克
糍粑辣椒... 30克
豆瓣酱..... 12克
姜........ 10克
蒜瓣...... 10克
盐........ 15克
花生米（炸过）.. 20克
料酒...... 10克
香菜...... 30克
色拉油...... 适量

制作方法

将仔公鸡宰杀洗净，剁成2厘米见方的块；把炒锅置于旺火上，下色拉油及姜、蒜瓣，然后再放入剁好的鸡块，加料酒煸炒；待鸡肉九成熟时，加入豆瓣酱、盐及糍粑辣椒炒至出香味，调味，放入青椒块、红椒块、黄豆芽，起锅，边上围炸好的土豆片，中间撒香菜、花生米，带火上桌。

红油米豆腐

冷菜。台湾黔天下贵州风味餐厅代表菜，源于贵阳市花溪区青岩古镇菜汁米豆腐，色彩鲜艳，酸辣爽滑。

用料

大米...... 80克
生石灰水... 5克
胡萝卜浓汁. 80克
菠菜浓汁... 80克
怪噜豆..... 20克
腌萝卜粒... 15克
香菜末..... 10克
红辣椒面..... 8克
盐........ 5克
酱油...... 5克
醋味汁..... 5克

制作方法

大米淘洗干净，浸泡4小时，沥干水，分别加入胡萝卜浓汁和菠菜浓汁，磨成红色、绿色的米浆；两种米浆分别倒入锅中，小火烧沸，微火煮熟，边搅动边调入生石灰水，使米浆中的蛋白质变性，凝固成豆腐状的红色米豆腐和绿色米豆腐；将米豆腐分别切成三角形，装于盘边，中间放入怪噜豆、腌萝卜粒、香菜末，最后加上盐、酱油、醋味汁，再撒上红辣椒面，食用时拌匀即可。

思乡玉米饼

小吃。台湾黔天下贵州风味餐厅代表菜，源于安顺市西秀区屯堡景区，香脆适口，清香美味。

制作方法　玉米粉、糯米粉加水，搅拌成浆糊般的稠度，加入盐和葱花搅拌均匀，倒入油锅中，并摊成圆饼状，均匀地撒上玉米粒；转小火，盖上锅盖焖约2分钟，盛盘时先将熟白芝麻撒在盘底，放入玉米饼，再撒上适量辣椒粉即可。

用料

玉米粒	50克
玉米粉	150克
糯米粉	75克
葱花	5克
熟白芝麻	2克
盐	6克
辣椒粉	5克
色拉油	适量

黔台米豆花

小吃。台湾黔天下贵州风味餐厅代表菜，源于遵义赤水，豆花细腻，软中带有弹牙口感。

制作方法　大米淘洗干净，浸泡4小时，沥干水，磨成米浆；倒入锅中，小火烧沸，微火煮熟，边搅动边调入生石灰水，使米浆中的蛋白质变性，凝固成豆花状的米豆花；锅上火，倒入鸡汤烧沸，下米豆花，调入盐、酱油，装碗，撒五香花生碎即成。

用料

大米	80克
生石灰水	3克
鸡汤	300克
盐	5克
酱油	1克
五香花生碎	2克

龙胜在美食大赛中制作菜品

龙胜荣获凯里"十佳名厨"，在颁奖大会上与其他获奖者合影

踏着清水江波涛
乘着黔东南轻风
追随大师龙凯江
苗寨名厨赞龙胜
廿二年的从厨路
你走得并不轻松
多家酒店去历练
苗菜侗菜扎心中
精心制作美菜品
将心愿化作美景
米豆卷恰似山药
金色鱼汤里翻腾
大美黔菜出佳品
十佳名厨上榜名
苗王寨的厨师长
花园酒店亦称雄

　　龙胜，原名龙祖伦，苗族，1975 年出生于贵州省黔东南苗族侗族自治州凯里市舟溪镇新龙村。他是中式烹调高级技师，中国烹饪大师，贵州餐饮文化大师，贵州烹饪名师，贵州名厨，黔菜传承人，黔菜之星，中国黔菜文化传播使者，黔东南十佳名厨。

　　龙胜 1996 年入厨，曾任凯里西湖大酒店、腾龙大酒店、会当山庄、从江宾馆、鑫麒麟酒店、凯里宾馆、富源大酒店、北京馥春洲美食城、贵阳苗王寨厨师和厨师长，现任洪森花园酒店精品菜行政总厨。

　　龙胜师从中国烹饪大师、酸汤导师、酸汤王子龙凯江，他全面学习了苗侗菜、苗家酸汤，考取了中式中级烹调师、中式高级烹调师、中式烹调技师、中式烹调高级技师资格证。他曾获得黔东南首届烹饪大赛冷菜银奖、热菜银奖，贵州省第二届烹饪大赛热菜银奖，贵州饮食与茶文化节青工技能大赛金奖，在凯里市及黔东南州大美黔菜品鉴展示活动中获"十佳名厨"称号，并担任《苗家酸汤》《贵州风味家常菜》《贵州江湖菜》《黔菜味道》《中国黔菜大典》编委。

苗寨名厨 龙胜

麻椒功夫鱼

热菜。色泽翠绿，质地滑嫩，汤鲜略麻，开胃健脾，增进食欲。

用料

鲜活鳜鱼............1条（约750克）	鲜花椒..........30克	料酒............10克
小尖青椒........15克	盐............3克	青菜............50克
鸡蛋............1个	味精............1克	姜葱汁..........25克
干淀粉........25克	鸡粉............2克	鲜汤............800克
	胡椒粉..........1克	藤椒油..........15克

制作方法

1. 将鲜活鳜鱼宰杀，洗净后去骨，将肉切成片，放入盛器内，加盐、料酒、胡椒粉、姜葱汁、干淀粉、鸡蛋、味精上浆；取鲜汤，加入青菜、鲜花椒，放入果汁机内打成汁，去除渣料；小尖青椒洗净，切成小圈。

2. 炒锅置旺火上，掺入青菜汁烧沸，投入码好味的鱼片煮至熟透，加盐、味精、鸡粉、胡椒粉调好味，起锅装入汤钵内；炒锅洗净，放入藤椒油烧热，下入小尖青椒圈、鲜花椒，起锅急速浇淋在汤钵内的熟鱼片上炝香即成。

麦香老腊肉

热菜。色彩丰富，质地软糯，咸鲜略辣，开胃下饭。

制作方法

1. 深山五花老腊肉用燎火去毛，温水浸泡片刻，刮洗干净，放入清水锅中煮至熟透，取出晾凉，切成小丁；麦仁用清水泡发至涨透，控水，放入蒸锅内蒸40分钟至熟透，取出；小尖青椒、小尖红椒分别洗净，切成颗粒状；蒜苗洗净，去掉蒜苗白的部分，留蒜苗绿的部分切成细粒状。

2. 炒锅置旺火上，放入底油烧热，下入腊肉丁，用小火煸炒至出油，放入姜末、蒜末、小尖青椒粒、小尖红椒粒、熟麦仁炒匀，加盐、味精、胡椒粉、酱油、香醋翻炒均匀，撒入蒜苗粒，淋入辣椒油炒匀，起锅装入盛器内即成。

用料

深山五花老腊肉.. 300克	盐......... 2克
麦仁..... 100克	味精......... 1克
小尖青椒.. 50克	胡椒粉..... 1克
小尖红椒.. 50克	酱油......... 5克
姜末....... 3克	香醋......... 3克
蒜末....... 5克	辣椒油... 15克
蒜苗....... 10克	色拉油....适量

麻辣香牛肉

热菜。色泽诱人，外酥里嫩，麻辣浓香，佐酒佳肴。

制作方法

1. 把牛转子肉治净，放入清水锅中，加料酒，用大火煮沸氽水，捞出用清水冲净血水，控水，放入五香红卤水锅中卤至熟透，捞出放凉，切成一字条状；干辣椒切成粗丝。

2. 炒锅置旺火上，放入色拉油烧至六成热，下入牛肉条炸至褐色，捞出控油；锅内留底油烧热，放入干辣椒丝、花椒煸炒至变色，随后投入炸好的牛肉条，加盐、辣鲜露炒匀，淋入藤椒油、香油、辣椒油，撒入熟白芝麻翻炒均匀，起锅装入盘内即成。

用料

牛转子肉.. 800克	香油......... 1克
熟白芝麻... 2克	辣椒油... 10克
干辣椒.... 50克	五香红卤水.....
花椒...... 10克	.... 3千克
盐......... 3克	料酒..... 10克
辣鲜露..... 5克	色拉油.....适量
藤椒油..... 3克	

黔酱美食创品牌
传播黔菜赞梁伟
师从大师张建强
古氏师门一玫瑰

聪明好学研厨艺
泰斗大师授精粹
心怀大志播文化
黔菜出山战鼓擂

黔菜厨网创始人
互联网上黔厨美
擅长策划助企业
搭建平台有口碑

组织活动皆获奖
美食赛事为评委
理论实践融合好
为创品牌终不悔

梁伟，1975 年出生于贵州省遵义市。他是贵州名厨，黔菜传承人，黔菜之星，中国黔菜文化传播使者，黔菜书院讲师团副秘书长，中国食文化研究会黔菜专业委员会副秘书长。

梁伟师从中国烹饪大师、遵义市红花岗区烹饪协会会长、遵义张安居餐饮公司总经理张建强先生，并得到师爷"黔菜泰斗"古德明的精心指导。

梁伟是资深策划人，黔菜传播媒体人，黔菜黔厨网主编，"809"互联网新媒体主要创始人，黔酱厨美食品牌创建人。2000 年至今一直从事企业管理及企业运营工作，擅长企业策划、产品策划、广告策划、活动策划、互联网平台建设策划等。

梁伟 2016 年带队参加第十一届旅游产业发展大会系列活动之黔北美食文化节名吃餐饮·小吃展评和"林达杯"贵州遵义第三届职工技能大赛，他的团队获最佳宣传单位、优秀组织奖，他担任特约记者、技能大赛烹饪项目裁判；梁伟受邀参加黔西南州"百年美食争霸赛"，参与评审并进行宣传报道。2017年受邀参加遵义市第四届精品年货交易会、中国·贵州国际茶文化节暨茶产业博览会、思达·遵义国际商贸城欢乐谷·尚街新闻发布会、"多彩贵州·大美黔菜"展示品鉴推广活动等，并参与宣传报道工作。

梁伟在美食节上拍摄采访

梁伟在美食节活动中采访中国黔菜泰斗古德明先生

梁伟与师父张建强合影

黔酱美食看 梁伟

遵义羊肉粉

小吃。羊肉色泽红润，软而不烂，鲜香不膻，米粉雪白如玉，爽滑微韧，汤汁清澈，不浑不腻，原汁原味，香辣味浓。

用料

羊骨..........1千克	煳辣椒面........20克	猪羊混合油......20克
带皮羊肉......500克	盐............2克	生姜..........30克
羊杂碎........500克	胡椒粉..........2克	冰糖..........20克
遵义米粉......200克	花椒粉..........3克	橘叶..........30克
葱花............3克	酱油............8克	白酒..........15克
香菜段..........5克		

制作方法

1. 将去净肉的羊骨洗净，放入锅底，注入清水烧开后，加入生姜、冰糖、橘叶、白酒，文火炖汤并把备好的带皮羊肉下入锅中煮熟，捞出，晾至还有余热时，用纱布将熟羊肉包成长方形，并用重物压出水分，取出，切成大薄片；羊杂治净，投入原汤锅中煮至熟嫩，捞出控水，切成碎块状。

2. 取遵义米粉用凉水淘散，去掉酸味，捞入竹丝篓内，放入羊汤锅中烫熟烫透，盛于大碗内，将熟羊肉片、熟羊杂碎盖于粉的上面，舀入羊肉原汤，加猪羊混合油、酱油、煳辣椒面、花椒粉、盐、胡椒粉、葱花、香菜段即成。

黔酱厨卤拼

卤菜。造型美观，质地软嫩，卤香浓郁，荤素搭配。

制作方法

1. 把卤鸭脚、卤猪舌分别治净，余水后投入五香红卤水中，卤至熟透并浸泡片刻；另将卤豆腐干、卤花生米舀入五香红卤水中卤至熟透。

2. 将琼脂放入清水锅中，烧沸后用中火慢慢熬至呈现润滑感，加入菠菜汁上色，起锅倒入盘内，静置冷却至凝固状态。

3. 将心里美萝卜雕成一大一小的两朵牡丹花以及叶的形状，并将黄瓜表皮雕成树枝，装入垫有绿色琼脂的盘子上摆成造型；把卤鸭脚、卤猪舌、卤豆腐干、心里美萝卜、日本黄瓜分别切成片，摆入盘内的牡丹花下边成各处假山形状，再放入卤花生米点缀即成。

用料

卤鸭脚......4 只
卤猪舌....100 克
卤豆腐干..200 克
卤花生米..150 克
心里美萝卜..2 根
日本黄瓜....1 根
琼脂......80 克
菠菜汁....50 克
五香红卤水..适量

金香芋之恋

热菜。色泽金黄，外脆里嫩，香甜细腻，老少皆宜。

制作方法

1. 大芋头去皮，洗净后切成块状，放入蒸锅内蒸至熟烂，取出捣成泥状，加白糖、奶粉搅拌均匀制成馅料；鸡蛋磕入盛器内，加盐搅打成蛋液。

2. 将糯米纸逐张平铺在台面上，填入芋头馅料，再放入红豆沙，叠成条状；逐个拍上淀粉，挂蛋液，再裹上黄金面包糠，待炸。

3. 炒锅置旺火上，放入色拉油烧至五成热，芋条逐个下入油锅中炸至金黄色，捞出控油，装入垫有花边纸的盘内即成。

用料

大芋头....300 克
红豆沙....50 克
糯米纸....10 张
鸡蛋......2 个
黄金面包糠......
..........100 克
淀粉......150 克
盐..........2 克
白糖......50 克
奶粉......25 克
色拉油......适量

国际五星做黔菜
乡土风味也时尚
黔菜为根喜深研
亨特厨师长犹亮

腾龙酒店初入厨
好日子酒楼启航
王强大师亲指教
提升厨艺再风光

贵阳招牌秘鸭掌
金钩凤卷砂锅鱼
参与赛事名气扬
多家酒店厨师长

诚实守信为人本
乐于助人热心肠
义卖筹资助贫困
黔菜发展献力量

犹亮，1975年出生于贵州省贵阳市。他是贵州名厨，黔菜传承人，黔菜之星，中国黔菜文化传播使者。

犹亮1994年进入贵阳腾龙大酒店学习厨艺，从事炉子工作；1997年进入福州唐城大酒店从事川黔菜炉子工作；2000年进入贵阳好日子酒楼，先后担任黔菜主厨、厨师长，得到王强大师的指导后厨艺大增；2005年任贵阳锦水渊酒楼行政总厨；2008年先后承包领秀、欢唱、凯奇KTV厨房、云都、水景南岸、亮点等娱乐水疗厨房；2011年在贵阳中天凯悦酒店任本地菜厨师长；2013年任贵阳新世界酒店宴会厨师长；2016年起任贵阳亨特索菲特酒店大使餐厅厨师长。

2002年犹亮制作的金钩爆凤卷入选贵州电视台5频道厨艺大看台十强荣誉；2012年家乡砂锅鱼入选贵阳爽爽美食节五强荣誉；2013年五彩脆炸虾入选贵阳星力高手在民间寻找美食达人十强荣誉；2014年新世界黔味鱼、天朝上品虾获贵州省第三届烹饪大赛银牌；2015年香辣鱼入选开阳首届美食节十强荣誉，秘制老坛泡鸭掌入选贵阳招牌菜大赛十强荣誉；2016年犹亮获得灶王文化节新贵州新黔味厨神争霸赛第六名。

犹亮为人诚实守信，乐于助人，做事勤奋认真，曾多次参加酒店举行的义卖活动，筹款捐助山区儿童。他在贵阳酒店厨房工作20多年，以黔菜为根，大力发展黔菜。在做好黔菜的同时，喜欢研究和创新黔菜，他研发的黔味风味腰花和柏香叶炒排骨等新品菜受到食客的赞赏，目前正在研发贵阳十八怪菜。

犹亮在贵阳中天凯悦酒店自助餐宴会前留影

犹亮在贵阳新世界酒店参加"每家一道菜"比赛时留影

犹亮在贵阳亨特索菲特酒店与同事合影

贵州名厨
46

五星大厨数

犹亮

黔北乌江鱼

火锅。色泽红亮，鱼肉鲜嫩，豆花爽口，麻辣香醇，久煮不烂，创新菜肴。

用料

乌江鲢鱼.............1条（约2千克）	姜片............10克	盐............4克
黑豆花.........1千克	蒜片............10克	鸡粉............3克
小尖红椒.......60克	干辣椒段.......30克	胡椒粉............2克
香葱段.........10克	花椒............10克	五香粉............5克
鱼香菜..........5克	糍粑辣椒........80克	卤水............300克
白芝麻..........5克	豆瓣酱........50克	鲜汤...........2千克
	麻辣火锅底料....180克	色拉油..........适量

制作方法

1. 乌江鲢鱼宰杀治净，鱼肉切成斜刀厚片，鱼骨斩成块状；小尖红椒洗净，切成颗粒状。

2. 炒锅置旺火上，放入色拉油烧热，爆香姜片、蒜片，下入糍粑辣椒、豆瓣酱制香，掺入鲜汤，加入麻辣火锅底料、卤水、盐、鸡粉、胡椒粉、五香粉煮至香味四溢，投入黑豆花、鱼骨块煮至断生，再放入鱼片煮至鲜嫩入味，起锅装入火锅盆内。

3. 炒锅洗净，放入混合油烧至八成热，投入干辣椒段、花椒、小尖红椒粒，起锅浇淋在火锅盆内的熟鱼片上炝香，撒入白芝麻、香葱段、鱼香菜，上桌开火食用。

用料

牛腩..........1500克	蒜苗..........10克	麻辣火锅底料.....80克
黄豆芽.........200克	芹菜..........80克	盐..........3克
土豆..........200克	姜片..........10克	鸡粉..........5克
小瓜..........200克	蒜片..........10克	五香粉..........10克
泡萝卜.........200克	香菜段..........5克	孜然粉..........10克
灯笼泡椒.......100克	干辣椒段........15克	辣鲜露..........8克
泡野山椒........50克	花椒..........10克	特制卤水.......300克
泡姜片........100克	糍粑辣椒........80克	鲜汤..........1500克
小尖红椒........50克	糟辣椒........120克	色拉油..........适量
白芝麻..........3克	豆瓣酱..........50克	

制作方法

1. 把牛腩洗净，切成小方块状，放入沸水锅中余尽血水，捞出用清水冲净，控水；土豆、小瓜分别洗净，切成一字条；蒜苗、芹菜分别洗净，切成一寸段；小尖红椒洗净，切成小段；泡萝卜切成斜刀片。

2. 炒锅置旺火上，放入色拉油烧热，放入姜片、蒜片、糍粑辣椒、豆瓣酱、麻辣火锅底料炒至油红出香味，掺入鲜汤烧沸出味，用细漏勺捞出料渣即成红汤，投入牛腩块，调入特制卤水、盐、鸡粉、五香粉、孜然粉，倒入高压锅内，盖上盖，置火上压至冒气，计时15分钟后，端离火口，用清水冲凉；将土豆条、小瓜条、酸萝卜片、黄豆芽下入炒锅，加盐翻炒均匀至断生并入味，起锅盛入木桶内垫底。

3. 炒锅放入色拉油烧热，炝香干辣椒段，下入泡姜片、糟辣椒、灯笼泡椒、泡野山椒、花椒、小尖红椒粒炒至出香味，投入熟牛腩块翻炒均匀，掺入原汤，淋入辣鲜露烧至入味，下入蒜苗段、芹菜段，起锅装入木桶内垫底的熟蔬菜上，撒入白芝麻、香菜段，上桌食用。

木桶牛肉锅

火锅。色泽棕红，质地软糯，酸辣鲜香，泡椒味浓，百吃不腻。

古氏师门多硕果
师训从严重师德
代表贵州上央视
勇夺金奖黄永国

娄山鸡香飘九州
酸汤豆鱼红一锅
泡萝卜里山羊肉
三道黔菜惊满座

弘扬黔菜话长久
黔厨学校办红火
大师光环多闪烁
一代名师成楷模

红军食堂落名城
寓意深远有寄托
心怀黔菜谋继承
精心策划勇探索

　　黄永国，1976 年生于贵州省遵义市桐梓县。他是中式烹调高级技师，国家职业技能鉴定高级考评员，国家高级营养师，中国烹饪大师，贵州名厨，黔菜传承人，黔菜之星，中国黔菜文化传播使者，黔菜书院讲师团高级讲师兼副团长，中国食文化研究会黔菜专业委员会副会长，遵义市红花岗区烹饪协会常务副会长，烹饪培训教师，黔厨厨师职业培训学校校长，贵州黔厨餐饮管理有限公司总经理。

　　黄永国 1993 年 8 月入厨，拜黔菜泰斗古德明的大弟子黄明辉为师，分别随其在遵义宾馆、南方酒店、红茶馆、菌王鸡、金三角酒家工作。他先后在云中酒家、老何记香港路店、西流水宾馆、供销酒店、呈祥酒家、遵义电视台食堂、遵义市规划局职工食堂、四中食堂、清华中学担任膳食主任、主厨、厨师长。

　　黄永国 1996 年 6 月至 12 月参加遵义地区劳动培训中心集中理论培训，合格结业被授予"优秀学员"称号，考取一级烹调师资格证（现中式中级烹调师），后分别考取中式高级烹调师、中式烹调技师、中式烹调高级技师资格证。2005 年黄永国带领弟子以贵州代表队身份参加央视二套满汉全席比赛，以娄山鸡、酸汤豆腐鱼、泡萝卜羊肉三道黔菜获金牌奖。2006年 7 月起担任三家职校的中式烹饪教师，同年创办黔厨厨师职业培训学校、贵州黔厨餐饮管理服务有限公司、遵义红军食堂。

黄永国在 CCTV 满汉全席比赛中荣获年度第五名

黄永国与贵州省政协副主席李汉宇在黔西南州大美黔菜品鉴展示活动上交流留影

黄永国校长与视察领导于黔厨学校合影

黔厨校长 黄永国

黔厨秀蹄髈

蒸菜。皮色棕红，质地软糯，咸甜带辣，口感鲜美，肥而不腻，成菜美观。

用料

猪前蹄髈................1个（约1千克）	鲜花椒..........10克
薏仁米.........200克	盐...............4克
白果............20克	白糖.............5克
红豆............30克	冰糖............10克
菜心............10克	蜂蜜汁..........15克
酥核桃仁........10克	甜酒汁..........10克
酥花生仁........10克	化猪油.........适量
	煳辣椒蘸水......适量

制作方法

1. 把薏仁米、白果、红豆分别洗净，用清水浸泡12小时以上；猪前蹄髈用燎火去毛，洗净后入沸水锅中煮10分钟，捞出控水，趁热快速抹上蜂蜜汁，自然晾干，在表皮剞上十字花刀；菜心洗净，修圆，焯水待用。

2. 炒锅置旺火上，放入化猪油烧至六成热，投入处理好的蹄髈，浸炸至去掉部分脂肪、表皮棕红色，捞出控油，放入温水中冲去多余的油脂，控水；把浸泡好的薏仁米、白果、红豆控水，一起装入盛器内，加酥核桃仁、酥花生仁、鲜花椒、盐、白糖、冰糖、甜酒汁，搅拌均匀成馅料。

3. 将炸好的蹄髈去大骨，肉皮朝下铺平，填入馅料，卷起扣入专用的圆形盛器内，上笼蒸5小时至软糯，取出装入盘内，围上焯好水的菜心，上桌时配煳辣椒蘸水食用。

王岗庖汤第一村
美景美食出传奇
三盘四碟八大碗
布依大厨郭应吉

拾穗山庄夫妻店
美食结缘成连理
深研布依传统菜
创新精选味不俗

红萝卜丝炒瘦肉
油炸阴椒酥洋芋
五颜六色一美宴
布依蒸菜香四溢

指导老师梁厚智
传播黔菜立根基
荣获健康美食奖
乡村振兴志不移

郭应吉，布依族，1976 年出生于贵州省贵阳市乌当区新堡布依族乡王岗村下王岗组。**付命琼**，布依族，1983 年出生于贵州省黔南布依族苗族自治州长顺县新寨乡立木村。两人酷爱家乡的布依美食和布依文化，因热爱家乡美食到贵阳新东方烹饪学校学习厨艺，又因美食结缘成家。夫妇二人均是贵州名厨，黔菜传承人，黔菜之星，中国黔菜文化传播使者。

2007 年王岗村兴起农家乐，王岗村被称为"庖汤第一村"。2015 年，郭应吉、付命琼夫妇回乡创业，用自家房屋开始经营拾穗阁山庄。他们灵活运用在学校所学的烹饪专业技术，在布依风味上深耕家乡味道，在布依族传统美食"三盘四碟八大碗"基础上，融合乌当和长顺口味的布依庖汤菜、布依干锅杀猪饭，研发了出拾穗阁独有的布依族"三盘四碟八大碗"及配套的饮食风俗，深受食客喜爱。

风景怡人的拾穗阁山庄的代表菜布依八大碗

勤劳的布依女正在进行民俗打糍粑活动

用布依族敬酒歌欢迎贵宾

应吉夫妇
古寨情

王岗庖汤第一村 三盘四碟八大碗

具有600年历史的布依古寨王岗村，距贵阳市中心36公里，位于乌当区新堡布依族乡枫叶谷风景区龙泉河畔，新堡东南部。这里土地肥沃，物产富饶，树木繁茂，民风淳朴。

宁静和谐的布依山村王岗以布依美食"三盘四碟八大碗"吸引着人们前来品尝，在这里还能体验种植养殖、乡村旅游的乐趣，远离城市的喧嚣。

"八大碗"指的就是用八个大碗盛菜，碗足有小盆那么大，有的地方又称为"海碗"。为什么是"八"呢？"八"是个吉庆数字，"八"的谐音是"发"。"八大碗"要放在"八仙桌"上，"八仙桌"呈正方形，每个方向坐二人，共坐八人。不同民族、不同地域，菜式各不相同，但"八仙桌"在中国有着悠久的历史。

说起"八大碗"，还有一段传奇的故事。相传有一天，一位赶考的学子在此地的农家饭馆吃饭，酒足饭饱后，发现这个饭馆没有名字，想到刚才吃过的香喷喷的八道菜，就随手写下了"八大碗"三个字赠给店家作店名。后来，这个学子金榜题名，"吃了八大碗有好运气"的说法便由此流传开来。这家饭馆不仅菜做得好，店家为人也朴实厚道，做生意薄利多销，赢得客人们的赞许，此后"八大碗"的名气越来越大，且代代相传，长盛不衰。

布依族历来是豪爽、热情、好客的民族，每当宴请时，总尽其所能地让客人们吃好吃够，八菜之外常常另加菜，因此王岗就有了"三盘四碟八大碗"。"三盘"通常是红萝卜丝炒瘦肉、豆腐丝炒瘦肉、油炸阴辣椒洋芋片，"四碟"即腊香肠、腊白豆腐、腊猪血豆腐、腊内脏拼盘，"八大碗"即白萝卜炖排骨、清蒸盐菜肉、清蒸小米鲊、庖烫锅、菱形大扣肉、荞灰豆腐、酸汤豆腐、南瓜汤。

拾穗阁山庄由郭应吉、付命琼夫妇于2008年创办。夫妻二人酷爱家乡的布依美食和布依文化，他们结合现代烹饪理念，研发出以布依庖汤菜、布依干锅杀猪饭为主的新式布依族传统美食——"三盘四碟八大碗"，深受食客喜爱。此外，传统阴辣椒、自制土豆片、自种花生米油酥拼盘、土法糟椒泡萝卜、蒸香肠、蒸腊肉、蒸盐菜肉、炒猪肝、炒腰花、炒猪肚、炒肥肠、炒土豆泥、萝卜炖排骨汤、荞灰豆腐汤、南瓜汤和手搓煳辣椒蘸水等美食也应有尽有。

五颜六色的美食，爽口的布依米酒，丰富多彩的布依文化，神秘动听的布依山歌，山水相连的田园风光和依山傍水的布依民居，让人流连忘返。

石阡温泉四百年
垂柳盈堤呈祥瑞
改革开放出人杰
自办农庄有成锐
寻找脱贫致富路
开办农庄追黔味
精心制作乡土菜
招牌辣鸡引人醉
寻味黔菜到农庄
推介上典助力推
引荐拜师娄孝东
农家山庄插翅飞
四川烹饪展菜品
一鸣天下名百倍
旅发大会获大奖
荣誉财源紧相随

成锐，1976 年出生于贵州省铜仁市石阡县下屯村。他是贵州名厨，黔菜传承人，黔菜之星，中国黔菜文化传播使者。

2001 年成锐用自家房屋开办石阡县 8+1 农庄，主要经营辣子鸡和自家的乡土菜，备有石阡坛子菜、腌汤等家乡小菜。2015 年、2017 年"寻味黔菜"栏目组两次到店采风，将他的作品发表在《四川烹饪》杂志上。

2016 年成锐参加石阡县烹饪培训班，有幸结识培训老师娄孝东，系统学习了烹饪知识和先进的烹饪技术。培训结束后他参加了铜仁旅游发展大会六合宴美食大赛，期间，在刘黔勋、吴茂钊、李永霞、唐国华等老师的见证下，由潘绪学师兄主持，正式拜中国烹饪大师娄孝东为师。8+1 农庄得到师父娄孝东的全面指导和帮助，黔菜大师翁新明也多次率队到店指导。8+1 农庄从几张桌子发展到几十张桌子，远近闻名。

8+1 农庄参加铜仁旅游美食大赛获得"铜仁农家乐名店"称号。

成锐获农家乐名店奖留影

8+1 农庄代表石阡县参加铜仁市旅游发展大会

石阡 8+1 农庄一角

农庄星厨有 **成锐**

夜郎大扣盘

蒸菜。色泽美观，质地软糯，味道丰富，肥而不腻。

用料

猪带皮三线五花肉.....
.............2500 克
干豇豆.........100 克
水盐菜.........150 克
鲊辣椒.........250 克
糯小米.........100 克
蒸肉粉.........100 克
西蓝花.........500 克

泡红辣椒.......500 克
姜末...........10 克
香葱段.........10 克
盐.............6 克
味精...........2 克
胡椒粉.........3 克
白糖...........10 克
碎红糖.........25 克

五香粉.........5 克
老抽...........5 克
熟猪油.........30 克
甜酒酿汁.......50 克
色拉油...........
...3 千克（约耗 50 克）
干辣椒段.........3 克

制作方法

1. 把猪带皮三线五花肉用燎火去毛，清洗干净，切成几大块，放入沸水锅中煮至八成熟，捞出沥干水分；取三分之二的五花肉刷上甜酒酿汁，晾干后，下入油锅中炸至外表棕红，捞出控油，投入煮肉的汤锅中浸泡至起皱，待用；干豇豆、水盐菜分别用温水浸泡至涨发，淘洗干净，控水；将水盐菜切成细粒状，干豇豆切成二寸长的段；糯小米用温水泡 48 小时以上，淘洗干净，控水；西蓝花切成小块，洗净，放入沸水锅中，加盐、色拉油焯至断生，捞出控水，待用。

2. 将炸至上色的五花肉切成 2～3 厘米厚的片，将肉片皮朝下，整齐均匀地装入蒸碗中；其余的白五花肉切成同等厚度的片；取出一半白五花肉片整齐均匀地装入蒸碗中，另外一半加蒸肉粉、盐、味精、胡椒粉、五香粉，再加适量清水搅拌均匀装入蒸碗中。

3. 砂锅倒入油烧热，将干豇豆段、水盐菜粒下入炒锅中，加干辣椒段、姜末、香葱段煸炒至出香味，加盐、老抽、白糖翻炒均匀，起锅盖在蒸碗内的上色肉片上；将糯小米用碎红糖、熟猪油拌匀，上屉蒸 2 小时至熟透，取出盖在蒸碗内的上色肉片上；热油锅中放入少量鲊辣椒煸炒至出香味，起锅盖在蒸碗内的白肉片上；将干豇豆盐菜扣肉、糯小米扣肉、鲊辣椒扣肉分别放入蒸锅中蒸 2 小时至肉质熟软，分别将肉取出扣于盘内，用西蓝花围边，再放入泡红辣椒点缀即成。

龙川河鱼锅

用料

河鱼............1 千克　　香菜段...........5 克　　酱油............10 克
泡红线椒........30 克　　糟辣椒..........300 克　　料酒............15 克
西红柿..........50 克　　盐.............6 克　　熟猪油..........50 克
姜片............30 克　　白糖............2 克　　红油............30 克
蒜片............10 克　　胡椒粉..........2 克　　鲜汤..........2500 克
香葱段.........10 克　　黄豆芽.........100 克

制作方法

1. 采用当地龙川河的河鱼宰杀治净，放入盛器内，加姜片、香葱段、料酒、盐腌制 15 分钟；西红柿洗净，切成片；泡红线椒洗净，切成斜刀段；黄豆芽洗净，放入火锅盆中垫底。

2. 炒锅置旺火上，放入熟猪油烧至六成热，下入腌制好的河鱼炸至金黄酥脆，捞出控油。炒锅内放入熟猪油烧热，下糟辣椒、姜片、蒜片炒香，掺入鲜汤，烧沸后用漏勺捞出辣椒渣，放入炸好的河鱼、西红柿片、泡红线椒段烧沸，加盐、白糖、胡椒粉、酱油烧至入味，淋入红油，起锅倒入火锅盆内垫有的黄豆芽上，撒上香菜段，带火上桌即成。

火锅。汤色红亮，鱼肉细嫩，酸辣可口，香辣味美，烫食鲜香。

　　吴显洪，1977 年出生于贵州省黔西南布依族苗族自治州兴义市。他是"百年九味轩"第三代传承人，贵州名厨，黔菜传承人，黔菜之星，中国黔菜文化传播使者。

　　"百年九味轩"由 92 岁高龄的布依族老人黄会兴创办于上世纪 70 年代。黄会兴祖上世代以售卖竹笋和打渔为生，一次偶然的尝试让他研制出一种比当地酸笋味道更为独特的酸笋，后来他发现用这种酸笋制作的鱼，味道无比鲜美。制作酸笋，发酵是关键，新鲜采摘的楠笋，先经过初步发酵，然后再加上辣椒、西红柿等配料，静静等待 36 天完成二次发酵后方能使用。只有经过这样加工的酸笋，才能达到酸而不苦的口感。如今，黄会兴的孙子吴显洪成为"百年九味轩"的掌门人，经过三代人的努力，家族独创的酸笋发酵工艺得以传承。

　　"百年九味轩"的菜品传承布依族各类民间特色菜肴，在"布依八大碗"的基础上，经过多年发展不断改良创新而成。"百年九味轩"从创立品牌至今，一直坚持诚信经营、选料严谨、制作精细、追求本味，坚持用绿色健康食材作为原料，最大程度地保持布依族传统的美味，用一份朴实的坚守和责任感，在挖掘传统布依族民间菜系的同时加以创新，用良心、匠心做好每一道菜，让所有来到这里的朋友都能品尝到正宗的布依族传统味道。

吴显洪与中国黔菜泰斗古德明在兴义张智勇收徒仪式上合影

吴显洪在黔西南州第一届烹饪比赛中获金奖留影

吴显洪与中国烹饪大师、四川旅游学院陈实老师合影

三代传承

吴显洪

雨打芭蕉花

热菜。色泽鲜艳，质地脆嫩，咸鲜略辣，创新佳肴。

用料

芭蕉花..........300 克	小尖红椒..........15 克	味精..........1 克
猪肉末..........50 克	姜末..........5 克	鸡精..........2 克
木鱼花..........50 克	蒜末..........8 克	香油..........2 克
小尖青椒..........15 克	盐..........3 克	色拉油..........适量

制作方法

1. 剥去芭蕉花外层老化的花瓣，露出可食用的浅黄色、幼嫩的花心，放入沸水中焯烫至熟透，捞出挤干水分，加入盐轻轻揉捏，并用手挤去汁液，去除涩味，然后切成碎粒状；小尖青椒、小尖红椒分别洗净，切成颗粒状。

2. 炒锅置旺火上，放入色拉油烧热，将姜末、蒜末爆香，下入猪肉末煸炒至断生，放入小尖青椒粒、小尖红椒粒炒香，投入芭蕉花心，加盐、味精、鸡精翻炒均匀，淋入香油，起锅灌入定型器中压成型，放入盘内，撒上木花鱼即成。

布依酸笋鱼

火锅。色泽淡红，鱼肉细嫩，汤酸可口，开胃健脾。

制作方法

1. 将盘江鲶鱼宰杀治净，在鱼背上斩数刀连刀段，放入盛器内，加盐、姜片、香葱段、料酒码味片刻。
2. 炒锅置旺火上，放入熟猪油烧热，爆香姜片、蒜片，下入小西红柿、糟辣椒泡竹笋炒至出香味，掺入鲜汤，加白酸汁、盐、胡椒粉调好味，下入码好味的鲶鱼煮至断生，起锅装入火锅盛器内，撒入香菜段即成。

用料

盘江鲶鱼........1条（约2千克）	香菜段......3克
	盐........8克
糟辣椒泡竹笋........500克	胡椒粉......4克
	料酒........50克
小西红柿..250克	熟猪油....50克
姜片......30克	白酸汁..500克
蒜片......10克	鲜汤.....2千克
香葱段.....10克	

燃烧蜂窝煤

小吃。糯米黑亮，造型独特，质地熟软，咸鲜味美。

制作方法

1. 把枫叶放入温水中，反复揉出黑汁液过滤。将黑汁烧至八成热，倒入白糯米浸泡2小时，控水，再掺入黑汁，放入蒸锅内蒸至熟透成黑糯米饭；鸡蛋磕入盛器内，加盐搅打成蛋液；虾仁洗净，切成小丁，与青豆粒分别下入沸水锅中焯至熟透，捞出用清水冲凉。
2. 炒锅置旺火上，放入色拉油烧热，下入蛋液炒成蛋花状，加入熟虾仁、熟青豆粒、黑糯米饭，调入盐、胡椒粉翻炒均匀，撒入葱花，起锅灌入蜂窝煤模具内，压成蜂窝煤形状，放置在已预热的石盘上，上桌时，淋入白兰地点燃即成。

用料

白糯米....250克	葱花........5克
枫叶......100克	盐........3克
虾仁......50克	胡椒粉......1克
青豆粒....50克	色拉油......适量
鸡蛋.......1个	
白兰地....30克	

岑洪文，布依族，1977年出生于贵州省黔西南布依族苗族自治州册亨县。他是中式烹调高级技师，贵州名厨，黔菜传承人，黔菜之星，中国黔菜文化传播使者，册亨县餐饮协会副会长，册亨县中等职业技术学校培训教师，册亨县教育局学校食堂厨师培训教师。

1998年岑洪文毕业于黔西南州安龙民族师范学校，回乡任教。2004年下海经商，2007年在贵阳新东方烹饪学校学习，后回册亨县城创办滋味轩餐馆，进军餐饮行业，一直担任主厨及营运至今。

岑洪文凭借对餐饮的兴趣，以布依族特色菜为研究方向，刻苦钻研册亨民族文化，多次与同行参加省、州、县餐饮文化交流活动，促使自己在餐饮技能、民族文化等多个方向全面发展，多次荣获省、州、县大奖。

2011年在黔西南州第六届旅游产业发展大会旅游美食节名菜评比中岑洪文制作的盘江鱼获铜奖，2017年在黔西南大美黔菜展示品鉴推广活动中岑洪文制作的布依包菜、牛干巴炒黄豆获最受欢迎菜品。另外布依包菜、牛干巴炒黄豆、香辣虾巴虫、布依酸汤全牛被收录在《黔西南风味菜》一书中。

滋味轩岑洪文与册亨县代表参加贵州省大美黔菜品鉴活动留影

滋味轩岑洪文获得大美黔菜品鉴活动省、州、县三级嘉奖

滋味轩岑洪文与册亨县代表参加黔西南州大美黔菜品鉴活动留影

滋味轩人

岑洪文

酸汤全牛锅

　　黔西南风味酸汤多用发酵的野生小西红柿和酸糟辣椒制作而成，用这种汤煮食生牛肉、熟牛杂的火锅称为酸汤全牛锅。册亨滋味轩餐馆的这款酸汤全牛锅，由大厨老板岑洪文在当季亲自采买原料、加工制作酸汤，并精心贮存，确保一年四季味道不变，牛肉多是整头宰杀或采买，分档取食，分别切片或煮制后改刀，酸汤醇正，牛杂齐全，味道鲜美，营养丰富，风味独特，是用心制作的极致美味。

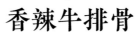

香辣牛排骨

热菜。色泽棕黑，质地熟软，香味四溢，口感极佳。

用料

牛排骨..........1千克	花椒..............8克	胡椒粉..........2克
油酥小黄豆......50克	老干妈油辣椒....50克	花椒粉..........3克
姜末............5克	盐..............2克	十三香..........5克
蒜末............10克	味精..............1克	酱油............5克
薄荷叶..........3克	鸡精..............2克	料酒............30克
干辣椒丝........30克	姜块............20克	色拉油..........适量

制作方法

1. 把牛排骨砍成8厘米长的段，放入沸水锅中，加料酒汆水，捞出用清水冲净，控水；将牛排骨段放入高压锅内，注入清水，加姜块，盖上盖，置火上压至冒气，计时15分钟后，端离火口，用清水冲凉，开盖捞出牛排骨段。

2. 炒锅置旺火上，放入色拉油烧至六成热，下入熟牛排骨段炸至表面酥脆，捞出控油；锅内留底油烧热，下入干辣椒丝炒至棕黑色，加姜末、蒜末、花椒炒至出香味，再放入老干妈油辣椒略炒香，投入炸好的牛排骨段，掺入少量原汤，加盐、味精、鸡精、十三香、胡椒粉、花椒粉、酱油翻炒均匀并收干汤汁，撒入油酥小黄豆、薄荷叶炒匀，起锅装入盘内即成。

印江氧吧气清新
梵净金顶有神韵
土家美食呈亮点
异香饭店熊学军
几番历练艺超群
精心留意暗中学
初入厨房尝苦辛
外出打工学厨艺
返乡创业异香店
吊锅牛肉有创新
地方风味香浓郁
融合取长最温馨
助力出山办连锁
异香飘洒醉华民
技艺服众服务好
筹划发展有雄心

熊学军，1978 年出生于贵州省铜仁市印江县。他是贵州名厨，黔菜传承人，黔菜之星，中国黔菜文化传播使者。

1994 年，熊学军加入了南下广州的打工队伍，进入了厨房，从杂工学徒做到厨师。2000 年，他回乡前往贵阳金桥饭店厨师学校学习厨艺，毕业后先后在广州、中山、厦门等地从事厨师和管理工作，得到多位大师的指导。2004 年，怀揣多年梦想的熊学军回到老家印江，创办印江异香饭店，融合家乡独特食材和口味，自创"异香吊锅牛肉"招牌菜，得到食客的喜爱。印江异香饭店凭借浓郁的地方风味、现代的烹饪技艺与先进的管理服务体系，得到社会各界的认可、支持。2009 年，异香饭店从印江发展到铜仁市区开设了第二家分店。2017年，异香饭店贵阳店开业。

在厨师行业摸爬滚打 25 年、餐饮经营 15 年的熊学军，长期坚持在一线深入学习与钻研，不断优化特色菜品并开发适宜多地食客口味的新产品，并且正在筹划将特色菜馆开成全国连锁店。

异香饭店创始人熊学军

熊学军获奖留影

异香饭店夜景

土家异香 熊学军

异香全牛宴

    全牛宴，选用印江基地生态养殖的土牛，从整头牛身上获取食材，做出一桌菜品，用长期试验成熟的黔味锅底，配以印江特产和梵净山菇、贵州时令蔬菜，根据食材性质分别加工，供食客煮、涮、烫食，好一桌难得的美味。

    "异香吊锅牛肉"是熊学军返乡后开办异香饭店时创立的品牌菜肴，并被打造成饭店的必点必吃菜品。这道菜采用家乡印江的优质牛肉，并经过长期研发，精心制作而成，获得新老食客的一致认可。

    熊学军的饭店先从家乡铜仁市印江土家族苗族自治县做起，五年后走进铜仁城区，十年后在省会贵阳落户。蓄势待发的贵州牛肉品牌企业异香饭店，已开启异香吊锅牛肉、异香全牛宴自主连锁经营和加盟连锁经营模式。

异香牛嘎嘎

干锅。色泽红亮，肉质细嫩，麻辣鲜香，风味独特。

用料

鲜牛里脊肉......750克	糍粑辣椒........50克	蚝油..........15克
白萝卜........150克	豆瓣酱..........25克	甜酒汁..........10克
蒜瓣..........50克	鲜花椒..........20克	料酒..........15克
姜片..........30克	花椒粉..........3克	熟牛油..........50克
白芝麻..........3克	胡椒粉..........3克	红油..........50克
芹菜..........50克	五香粉..........10克	香油..........5克
香菜..........5克	嫩肉粉..........5克	鲜汤..........200克
干辣椒段........30克	酱油..........10克	色拉油........适量

制作方法

1. 把鲜牛里脊肉治净，切成二粗丝，装入盛器内，加蚝油、嫩肉粉、料酒拌匀码味片刻；白萝卜去皮，洗净后切成与牛肉同等大小的丝，装入吊锅内垫底；芹菜、香菜分别洗净，切成小段。

2. 炒锅置旺火上，放入色拉油烧至五成热，下入码好味的牛肉丝滑至断生，捞出控油；锅内留底油，加熟牛油混合加热，下入干辣椒段焐至棕黑色，加姜片、蒜瓣、糍粑辣椒、豆瓣酱、鲜花椒煸炒出红油，待所有辅料炒出香味后，投入滑熟的牛肉丝爆炒一下，倒入鲜汤，加甜酒汁、花椒粉、胡椒粉、五香粉、酱油、蚝油翻炒至入味，待汤汁收干时，下入芹菜段翻炒均匀，淋入红油、香油，起锅装入垫有白萝卜丝的吊锅内，撒入白芝麻、香菜段，上桌开火食用。

话语不多有自信
人生图画自己绘
采购入门学厨艺
自学成才吴昌贵
酒管高专靠函授
厨艺精练绩相随
二十余年奋斗史
边干边学不惧累
谦虚谨慎诚做人
勿须张扬心无悔
甘做厨工不畏小
经理大厨心无醉
荣获大师常考评
技能鉴定有口碑
编著菜书献良策
愿为黔菜走一回

　　吴昌贵，1978 年出生于贵州省贵阳市修文县。他是中式烹调高级技师，国家职业技能鉴定高级考评员，中国烹饪大师，贵州餐饮文化大师，贵州餐饮文化评审师，贵州名厨，黔菜传承人，黔菜之星，中国黔菜文化传播使者，黔菜书院讲师团高级讲师兼副团长，中国食文化研究会黔菜专业委员会副会长。

　　吴昌贵高中毕业后在贵州师范大学后勤集团做采购，随即入厨，从厨工、厨师做到厨师长，后在贵州天豪花园酒店担任总厨多年，现担任贵州小猪农场餐饮管理有限公司总经理。

　　吴昌贵精于黔菜烹饪，擅长餐饮管理，长期从事中式烹调技能鉴定考核工作，长期担任省、市、县赛事及创新创业大赛评委，多次担纲大型活动接待主持。吴昌贵还参与贵州大学烹饪研究工作，是多所职业学校兼职教师。他是《黔菜味道》核心创作人，并担任《贵州风味家常菜》《贵州江湖菜》《金州味道》编委，《贵州名菜》《黔西南风味菜》副主编。

　　贵州小猪农场餐饮管理有限公司旗下的小猪农场 2019 年在成都、重庆、广州等地建设中央厨房加工中心、产品研发中心，开设小猪农场"码上吃"无人餐厅，计划三年内发展 300 家，供给白领早餐、午餐。

吴昌贵在三都水族自治县美食节做评委留影

吴昌贵主持中国（兴仁）薏仁国际论坛，与国外嘉宾主持对接菜品解说词

吴昌贵参与贵州大学烹饪研究实验

小猪连锁 吴昌贵

生煎猪里脊

鲜烫干锅。猪里脊选用靠近后腿部分，肉质非常细腻，据说是猪肉中唯一如同刺身一样口感的部位，选用生煎的方式，保持新鲜和细嫩的口感，入口即化。

用料

黑猪里脊肉	500克	仔姜	30克	酱油	5克
韭菜	100克	盐	2克	水淀粉	25克
洋葱	50克	白糖	2克	辣椒酱	100克
小尖椒	30克				

制作方法

1. 将黑猪里脊肉切成大薄片，放入盛器内，加盐、白糖、酱油、水淀粉搅拌码味，装入盘内；韭菜洗净，切成段；洋葱、仔姜分别洗净，切成细丝；小尖椒洗净，切成颗粒状。

2. 取一个铁板置火上，分别放入韭菜段、洋葱丝、仔姜丝、小尖椒粒，上桌后开火加热，下入辣椒酱，将码好味的肉片煎至熟透食用。

花椒五花肉

农家菜。鲜花椒遇到猪五花，鲜嫩搭配，五花肉不再是回锅肉、小炒肉的专利，轻松烹调，简单调味，菜色清新，鲜香麻爽。

用料

黑猪五花肉......300克	小尖椒..........50克	花椒油..........10克
花椒..........25克	盐..........2克	料酒..........15克
折耳根..........30克	白糖..........2克	色拉油..........适量
蒜薹..........30克	酱油..........5克	

制作方法

1.将黑猪五花肉去皮，切成小丁，放入盛器内，加料酒、盐、白糖、酱油搅拌码味；折耳根、蒜薹、小尖椒分别洗净，切成颗粒状。

2.炒锅置旺火上，放入适量的色拉油烧至六成热，下入码好味的肉丁爆至断生，捞出滤油。锅内放少许油烧热，投入花椒、小尖椒粒、折耳根粒、蒜薹粒炒至出香味，下入爆好的肉丁，加盐翻炒均匀，淋入花椒油，起锅装盘即成。

他来自修文六广
为学厨到南盘江
江河养育未忘国
望谟扶贫刘祖邦
师从大师张智勇
厨德厨艺入心房
开办餐饮为致富
做好黔菜富一方
鸭卧金湖思故乡
洋葱板栗配蛋卷
果蔬雕刻百花香
烧腊卤味凉菜美
深爱黔菜苦钻研
荣获注册厨师长
多个菜品入书卷
辣鸡大赛评金奖

　　刘祖邦，1979 年出生于贵州省贵阳市修文县六广镇中山村七组，现居贵州省黔西南布依族苗族自治州望谟县幸福路。他是中式高级烹调师，贵州名厨，黔菜传承人，黔菜之星，中国黔菜文化传播使者。

　　刘祖邦师从中国烹饪大师、中国食文化传播使者、中国黔菜传承导师、贵州盗汗鸡餐饮管理有限公司董事长张智勇先生。1997 年接触厨师行业，先后在兴义多家酒店担任厨师、主厨、厨师长职位，擅长制作黔菜、川菜、烧腊、卤味、凉菜、果蔬雕刻等。

　　刘祖邦 2000 年在望谟楼外楼任厨师长；2001 年到四川成都学习，参加厨师菜品展示获得银奖；2002 年创办祖邦餐饮，在望谟县城经营，独立研发出望谟板栗宴，现推出赤水豆花火锅；2017 年他的作品参加黔西南州三碗粉首届辣子鸡大赛获得金奖，参加黔西南州大美黔菜品鉴展示活动获"喜爱菜品"荣誉。

　　2018 年刘祖邦获"中国烹饪大师"称号，并担任《黔西南风味菜》《贵州风味家常菜》《黔菜味道》等图书编委。

刘祖邦多次参加美食节和烹饪大赛，并获得金奖

刘祖邦在拜师仪式上与师兄弟和嘉宾合影

刘祖邦于大美黔菜品鉴展示活动上与望谟代表队合影

望谟名厨

刘祖邦

农家烹魔芋

热菜。色泽红亮，质地爽口，麻辣香醇，农家风味，盘饰独特。

用料

鲜魔芋块茎......1千克	糍粑辣椒.........50克	鸡粉..............5克
姜片.............5克	豆瓣酱.........20克	胡椒粉..........2克
蒜片.............8克	麻辣火锅底料....30克	五香粉..........5克
薄荷叶.........10克	花椒.............3克	鲜汤............500克
食用碱.........50克	盐...............1克	色拉油..........适量

制作方法

1. 把鲜魔芋块茎去皮，洗净切成小块，放入磨浆机内，边磨边加适量水，然后再放入碱水（食用碱50克溶解于1千克水中）搅拌均匀，自然静置几十分钟制成魔芋浆液。

2. 将磨好的浆液充分搅拌均匀后，倒入大锅内，用旺火边煮边搅拌，待浆液全部加热达到90℃时，再用小火煮半小时至熟透，舀入大盆内冷却至能立住筷子，制成魔芋豆腐。

3. 取300克魔芋豆腐切成大小一致的小方块，放入沸水锅中焯水，捞出用清水冲凉，控水；炒锅置旺火上，放入色拉油烧热，爆香姜片、蒜片，下入糍粑辣椒、豆瓣酱、花椒制香，掺入鲜汤，加入麻辣火锅底料、盐、鸡粉、胡椒粉、五香粉煮至香味四溢，投入魔芋豆腐块煮至入味，起锅分别装入小碗内，撒入薄荷叶即成。

用料

小白条鱼..	500 克	盐.........	3 克
青椒......	15 克	白糖.......	2 克
红椒......	15 克	鲜露.......	3 克
鸡蛋.......	2 个	藤椒油.....	8 克
淀粉......	80 克	料酒......	10 克
姜片......	10 克	蒜片......	8 克
香葱段....	12 克	色拉油.....	适量

制作方法

1. 将小白条鱼宰杀治净，加盐、料酒、姜片、香葱段搅拌腌制片刻；青椒、红椒分别洗净，切成颗粒状；鸡蛋磕入盛器内，加入淀粉、盐、适量清水调成薄全蛋液。

2. 炒锅置旺火上，放入色拉油烧至六成热，将腌制好的白条鱼挂上薄全蛋液，下入油锅中炸至酥脆，控油；锅内留底油烧热，爆香姜片、蒜片，下入青椒粒、红椒粒炒香，投入炸好的白条鱼，烹入料酒，加盐、白糖、鲜露、藤椒油翻炒均匀，起锅装入盘内即成。

望谟小鱼仔

热菜。色泽金黄，质地酥脆，味咸略麻，佐酒佳肴。

用料

白糯米....	400 克	密蒙花....	50 克
紫兰花....	50 克	盐.........	8 克
枫香叶....	50 克	熟猪油.....	40 克

制作方法

1. 把白糯米淘洗干净，用温水浸泡 4 小时，再淘洗干净；将紫兰花、枫香叶、密蒙花分别洗净，然后分别放入汤锅内，加清水置旺火上煮 20 分钟，煮出各种颜色，滤出染色水。

2. 取四个盛器分别装入同样重量的白糯米，其中三个分别倒入各染色水，一个加入清水，一起放入蒸笼内蒸至熟透，取出后分别加入熟猪油、盐搅拌均匀，装入模具内，再次上笼蒸 10 分钟，取出反扣于盘内即成。

布依花米饭

小吃。色泽鲜亮，糯香熟软，蘸食可口，风味独特。

三省中心在榕江
苗侗风情满目兴
传统美食何处找
金鹿四季杨昌品

二十年前学厨道
洗刷厨工练人生
踏实学艺不畏苦
虚心好学求艺精

追随大师龙凯江
艺德艺技双飞腾
新世纪酒店主厨
金鹿四季再称雄

特色菜品参大赛
颁奖会上获掌声
贵州人做贵州菜
黔菜文化喜争鸣

杨昌品，侗族，1980年出生于贵州省黔东南苗族侗族自治州榕江县寨嵩镇侗族家庭。他是贵州名厨，黔菜传承人，黔菜之星，中国黔菜文化传播使者。

杨昌品1998年初中毕业入厨，从宰杀、洗刷做起，一步一个脚印做到厨工，2000年跟随中国烹饪大师、实力派贵州民族菜大师、酸汤王子龙凯江师父学习墩子、炉子和管理知识；2006年到新世纪大酒店担任主厨；2009年担任凯里剑河鱼庄厨师长；2011年在凯里瑞禾腾龙森林酒店担任厨师长；2015年起任凯里金鹿四季酒店厨师长兼餐饮经理，并担任《黔菜味道》编委。

杨昌品在工作中严格要求自己，勤奋好学、刻苦钻研，长期得到师父及师兄弟们的指点和帮助，在2011凯里民族特色美食节和2013凯里酸汤美食节均荣获第二名的好成绩，如今拥有了属于自己的厨艺团队。

善烹爱学的杨昌品

金鹿四季

杨昌品

侗家牛瘪锅

火锅。汤呈黄绿色，入口微苦，食材质地绵嫩，香味浓郁。

牛瘪，又称"百草汤"，是黔东南少数民族地区的一种独特食品，有"杀牛先分瘪，无瘪味全无"的俗语。"牛瘪"制作工序较复杂：把牛宰杀后，将牛胃和小肠里未完全消化的食物拿出来，过滤并挤出其中的液体，再加入牛胆汁和花椒、生姜、陈皮、香草等佐料，放入锅里用文火慢熬，并将表面的浮沫撇去，下入盐、葱段、蒜瓣、辣椒等熬出香味，即得牛瘪。用牛瘪制成火锅原汤来煮食全牛食材，是一道风味独特的全牛火锅。

用料

黄牛肉..........1 千克	马尾须............5 克	牛瘪汁............40 克
牛毛肚..........300 克	川芎............5 克	捶油籽............3 克
牛五花肉........150 克	橘子皮............3 克	花椒............5 克
牛黄喉..........100 克	鲜山奈段............5 克	盐............10 克
芹菜段..........50 克	姜片............15 克	胡椒粉............3 克
蒜苗段..........25 克	香菜段............5 克	米酒............10 克
香葱段..........10 克	干辣椒段............50 克	色拉油............适量

制作方法

1. 把黄牛肉、牛毛肚、牛五花肉、牛黄喉分别切成片；另外把牛瘪汁倒入净锅内，加清水并置旺火上煮沸，离火倒入盛器内，加捶油籽拌匀即得瘪汤。

2. 炒锅置旺火上，放入色拉油烧热，投入干辣椒段、花椒、姜片、川芎、橘子皮和鲜山奈段炒香，烹入米酒，掺入瘪汤烧沸，调入盐、胡椒粉和捶油籽，投入黄牛肉片、牛毛肚片、牛五花肉片、牛黄喉片煮至断生，起锅装入火锅盆内，撒上香葱段、马尾须、芹菜段、香菜段和蒜苗段，上桌开火食用。

苗乡椒鸭粒

热菜。色泽油亮，质地滑嫩，鲜辣可口，佐饭佳肴。

制作方法

1. 把鸭脯肉治净，切成颗粒状，放入盛器内，加盐、蚝油搅拌均匀，再放入干淀粉拌匀；小尖青椒、小尖红椒、嫩姜、蒜瓣分别洗净，切成颗粒状。
2. 炒锅置旺火上，放入色拉油烧至五成热，将码好味的鸭脯肉粒滑入油锅中断生，捞出控油；锅内留底油烧热，爆香姜粒、蒜粒，下入小尖青椒粒、小尖红椒粒、鲜花椒炒至出香味，投入滑好的鸭脯肉粒，加盐、味精、鸡精、生抽翻炒均匀并入味，淋入香油，起锅装入盘内即成。

用料

鸭脯肉....	350克	鸡精.......	2克
小尖青椒..	50克	蚝油......	12克
小尖红椒..	50克	生抽......	5克
嫩姜......	10克	香油......	2克
蒜瓣......	25克	色拉油.....适量
干淀粉....	8克		
鲜花椒....	10克		
盐........	3克		
味精.......	1克		

侗家香蝗虫

热菜。色泽鲜亮，质地酥香，咸鲜略辣，下酒佳肴。

制作方法

1. 把蝗虫干品用清水淘洗一下，去灰尘，控干；芹菜洗净，切成斜刀段；干辣椒切成粗丝。
2. 炒锅置旺火上，放入色拉油烧至六成热，将蝗虫炸至酥脆，控油；锅内留底油烧热，焓香干辣椒丝、花椒，下入姜片、蒜片炒至出香味，投入炸好的蝗虫，撒入芹菜段，加盐，淋入香油翻炒均匀，起锅装入盘内即成。

用料

蝗虫干品..	100克	香油......	3克
芹菜......	30克	色拉油.....适量
姜片......	3克		
蒜片......	5克		
干辣椒....	50克		
花椒......	5克		
盐........	2克		

黔菜发展天地阔
一部菜典演菜史
书写文章著作多
参与赛事露头角
为人师表勇探索
弘扬黔菜为己任
厨艺从善心怀德
慈厚笑容令人悦
一招一式皆是歌
聋哑孩子学厨艺
专学手语故事多
踏入厨道采众长
心怀厨梦为生活
烹饪高专学厨艺
双耳失聪苦杨波
幼时治病演事故

杨波，1981 年出生于贵州省贵阳市。他是中式烹调高级技师，中国烹饪大师，贵州餐饮文化名师，贵州餐饮文化评审师，贵州名厨，黔菜传承人，黔菜之星，中国黔菜文化传播使者，黔菜书院讲师团高级讲师兼副秘书长，中国食文化研究会黔菜专业委员会副秘书长，贵州省烹饪饭店行业协会会员，贵阳市盲聋哑学校手语唇语烹饪教师，校企合作项目负责人，贵州音恋餐饮有限公司总经理。

杨波幼时因病听力受损，造成药物性耳聋并鉴定为三级残疾。他毕业于贵阳市旅游学校烹饪中专、四川烹饪高等专科学校（今四川旅游学院），一直为烹饪、为黔菜奋斗。最难能可贵的是，他是贵州省首位手语、唇语双通烹饪教师，他将自己的所学所见所为默默地奉献给那些听不见也说不出话的聋哑学生们，并将他们送进星级酒店工作。

杨波从厨二十年来，多次获得全国和省市以及中职烹饪大赛金、银、铜奖，曾任贵阳民建黔菜研究发展中心副主任。他是《黔菜味道》核心创作人，并担任《贵州风味家常菜》《贵州江湖菜》主编，及《贵州名菜》执行副主编，在《中国烹饪》《四川烹饪》杂志上发表多部黔菜作品。现任《中国黔菜大典》南部卷、北部卷、中部卷副主编。他长期从事烹饪专业编辑与研究工作，积极钻研烹饪理论知识和专业技术，研究黔菜、挖掘黔菜、宣传黔菜，为提升黔菜知名度而努力奋斗。

杨波与吴茂钊在《贵州风味家常菜》首发仪式上签名售书

杨波老师在烹饪教学

杨波老师在贵阳中职烹饪教师技能比赛中荣获一等奖

手唇语教为 杨波

三脚老卤锅

三脚老卤锅遵循传统卤味工艺，将卤味创新加工成三种口味。酸辣金汤卤牛脚汤锅滑糯爽口，香辣卤羊脚干锅脆糯绵香，麻辣卤猪脚火锅新奇软糯，分别搭配不同的蘸水，色泽美观，口味丰富。

用料

猪脚..........1 千克	姜片..........45 克	味精..........3 克
羊脚..........1 千克	蒜瓣..........60 克	鸡精..........6 克
牛脚..........1 千克	白芝麻..........2 克	胡椒粉..........1 克
白萝卜..........300 克	干辣椒..........30 克	料酒..........100 克
酸萝卜..........300 克	熟糍粑辣椒..........50 克	红卤水..........5 千克
黄豆芽..........150 克	豆瓣酱..........15 克	白卤水..........5 千克
洋葱..........50 克	糟辣椒..........50 克	油卤水..........3 千克
芹菜..........30 克	干花椒..........5 克	鲜汤..........1500 克
枸杞..........3 克	鲜花椒..........10 克	牛骨汤..........1500 克
长红泡椒..........100 克	盐..........6 克	红油..........200 克
野山椒..........50 克	葱结..........15 克	色拉油..........适量

制作方法

1. 猪脚、羊脚、牛脚分别用燎火去毛，使皮至焦黄，浸泡刮净焦皮，清除污物；猪脚、羊脚分别斩成大块。牛脚去骨，斩成大块状；分别放入清水锅中，加料酒汆透，捞出用冷水洗净；白萝卜去皮，洗净切成一字条；酸萝卜切成二粗丝；洋葱洗净，切成块状；芹菜带叶洗净，切成一寸段；长红泡椒去蒂，切成斜刀段，枸杞用温水浸泡片刻。

2. 猪脚块放入红卤水锅中，羊脚块放入油卤水锅中，牛脚块放入白卤水锅中，分别用小火慢卤 2 ~ 2.5 小时，离火浸泡 20 分钟（汤可以重复使用）。

3. 炒锅置旺火上，放入色拉油烧热，下入姜片、蒜瓣、糟辣椒、长红泡椒段、野山椒、鲜花椒煸炒至油红，待所有辅料炒出香味后，下入红卤熟猪脚块炒匀，掺入鲜汤烧沸，加盐、味精、鸡精、胡椒粉调好味，淋入红油，起锅装入垫有白萝卜条的三格火锅的一边；炒锅置旺火上，放入色拉油烧热，下入干辣椒、干花椒炒至棕黑色，放入豆瓣酱、熟糍粑辣椒、姜片、蒜瓣炒至出香味，下入油卤熟羊脚炒匀，掺入少许鲜汤，加盐、味精、鸡精、胡椒粉翻炒均匀，放入芹菜段、洋葱块炒匀，淋入红油，起锅装入垫有酸萝卜丝的三格火锅的另一边内，撒入白芝麻；炒锅置旺火上，放入牛骨汤烧沸，投入牛脚块，加盐、味精、鸡精、胡椒粉调好味，起锅装入中间垫有黄豆芽的三格火锅内，撒入葱结、枸杞，上桌开火，配不同的辣椒蘸水即成。

德江走来消防兵
退伍学厨安朝明
服役是优秀团员
返乡学厨有一梦

新东方杰出校友
从零练起做厨工
练就本事再创业
红豆杉园讲养生

蓝莓山药亮人眼
凤凰辣鸡重黔风
贵山贵饼风味美
西客牛排香气浓

深爱黔味善请教
团队建设有军情
举办企业赶潮流
荣获大奖显技能

安朝明，1981 年出生于贵州省铜仁市德江县。

安朝明 2000 年起在江西省某消防部队服役，服役期间被评为优秀士兵、市级优秀共青团员，并加入中国共产党。退伍后于 2003 年在贵阳新东方烹饪学校学习半年，然后在贵阳大型酒楼、酒店做小工、厨师。后任贵阳膳书房高端餐饮酒楼行政总厨、贵阳黔凤凰餐饮管理有限公司出品总监，现和朋友创办贵安新区红豆杉养生园、贵山贵饼食品厂等。

安朝明 2010 年参加多彩贵州首届创新黔菜烹饪大赛获得优异成绩，多次被新东方教育集团评为"杰出校友"。军人出身的他，对工作兢兢业业，虚心向诸多大师请教学习。他在成本控制、人事管理方面有自己独特的方式，以半"军事化"的模式凝聚团队精神，带领红豆杉养生园向成为优秀企业的目标前进。

安朝明早年参加比赛留影

安朝明与戴龙在红豆杉养生园合影

安朝明的获奖证书

军旅大厨 **安朝明**

酸椒杏鲍菇

热菜。色泽亮丽，质地清脆，微酸微辣，佐饭佳肴。

用料

杏鲍菇.........200克	蒜末.............5克	生抽.............5克
酸海椒..........50克	蒜苗.............10克	胡椒粉...........1克
猪五花肉........50克	干辣椒...........10克	蚝油.............8克
小尖红椒........15克	盐................2克	色拉油..........适量
姜末............3克		

制作方法

1. 把杏鲍菇洗净，切成指甲片；猪五花肉去皮，洗净后切成细粒状；酸海椒、干辣椒、小尖红椒、蒜苗分别洗净，切成小段。

2. 炒锅置旺火上，放入色拉油烧至五成热，下入杏鲍菇片炸至半干，捞出控油；锅内留底油烧热，下入干辣椒段炒至棕黑色，放入五花肉粒煸炒至出油，待肉粒略干时，加姜末、蒜末、小尖红椒段略炒香，再放入酸海椒段略翻炒，投入炸好的杏鲍菇片，加盐、蚝油、胡椒粉、生抽调味翻炒均匀，撒入蒜苗段炒匀，起锅装入容器内并造型即成。

茶香黄牛酥

热菜。色泽金黄，外脆里嫩，鲜香味美，茶香浓郁，佐酒佳肴。

用料

黄牛瘦肉.......150克	面粉...........30克	胡椒粉..........1克
绿茶..........15克	香辣脆丝........50克	姜汁...........8克
鸡蛋..........1个	盐...........2克	蚝油...........5克
葱花..........3克	椒盐..........3克	色拉油.........适量
淀粉..........70克		

制作方法

1. 把黄牛瘦肉治净，切成细条，放入盛器内，加姜汁、胡椒粉、蚝油拌匀腌制30分钟；将鸡蛋磕入盛器内，加淀粉、面粉、盐搅拌成全蛋糊；绿茶提前用开水泡开，挤干水分。

2. 炒锅置旺火上，放入色拉油烧至三成热，把挤干的绿茶下入油锅中炸至酥脆，捞出。待锅内的油凉至五成热，将腌制好的牛肉逐条挂上全蛋糊，下入油锅中炸至成形，捞出，待油温升至八成热，再次下入牛肉条，炸至酥脆，捞出控油。

3. 锅内留底油，爆香葱花，投入酥牛肉条、酥绿茶、香辣脆丝略翻炒一下，调入椒盐炒匀入味，起锅装入盘内即成。

师从大师张智勇
印象荷城亦称雄
荷花佳宴立品牌
金州大地现飞龙
才艺双馨黄昌伟
书画厨艺誉荷城
酷爱荷花清如许
继承传统半山亭
荷塘月色皆为菜
龙城古道拌鸡枞
纯酿荷花烹香菇
一花一叶巧夺工
果蔬雕塑增诗韵
一刀一刀全是情
献给人间皆美色
一腔热血为昌隆
十里长堤有记忆
龙城古道黔菜兴
大美黔菜再润色
后继星秀立新功

　　黄昌伟，1981 年出生于贵州省黔南布依族苗族自治州三都水族自治县三合镇。他是中国烹饪大师，贵州黔菜大师，贵州名厨，黔菜传承人，黔菜之星，中国黔菜文化传播使者。

　　黄昌伟师从中国烹饪大师、中国食文化传播使者、中国黔菜传承导师、贵州盗汗鸡餐饮管理有限公司董事长张智勇先生。黄昌伟曾担任多家餐饮企业厨师长，2016 年起参与创建安龙县荷芳佳宴有限公司，是股东之一，兼任行政总厨。荷芳佳宴作为安龙荷花宴的传承和创新制作单位，多次接待国家领导人和山地旅游团体用餐。

　　黄昌伟擅长烹饪黔菜、川菜、粤菜、湘菜、烧腊、卤味，嗜好果蔬雕刻、泡沫雕、面塑、果酱画、象形拼盘等，曾在"多彩贵州·大美黔菜"展示品鉴推广活动中获个人金奖，并担任《贵州江湖菜》《贵州风味家常菜》《黔西南风味菜》《黔菜味道》《贵州名菜》编委。

　　他制作的安龙荷芳宴获最受欢迎菜品，在黔西南旅发大会美食节荣获最佳名菜奖，荷芳佳宴获贵州黔菜馆名店称号。

爱书画、善雕刻的黄昌伟

黄昌伟接受电视台采访

黄昌伟在拜师宴上与师兄弟留影

荷花佳宴 黄昌伟

安龙名剪粉

小吃。色白如雪，皮薄如纸，质地柔韧，不易断裂，清凉爽口，口味香辣，辅料丰富。

用料

大米	250 克	葱花	3 克	酱油	5 克
熟绿豆芽	15 克	香菜段	5 克	陈醋	3 克
酸萝卜粒	20 克	油辣椒	25 克	花椒油	1 克
酸菜丝	10 克	盐	2 克	蒜水	30 克
酥黄豆	15 克	味精	1 克		

制作方法

1. 将大米淘洗干净，放入清水中浸泡 12 小时左右，然后用石磨把大米磨成米浆。取 1/10 米浆倒入锅中煮沸，制成浆糊状的熟芡，出锅倒入米浆中搅拌均匀。

2. 在铁盘中刷少许熟菜籽油，放入一定数量的米浆，双手握住铁盘，不停地把米浆晃开；将铁盘置于蒸格中，用大火蒸 1~2 分钟，取出，使粉皮剥下，挂在竹竿上晾晒，冷却，叠在一起。

3. 食用时，用剪刀将粉皮剪成小条放入碗中，加入用料中的配料及调料搅拌均匀后即可食用。

百鸟齐朝凤

热菜。造型美观，晶莹剔透，形似百鸟，质地细嫩，咸鲜味美。

用料

鲜活大明虾.......... .....15 只（约 750 克）
猪肥肉.......... 50 克
莲藕.......... 200 克

西蓝花.......... 80 克
枸杞.......... 5 克
安龙藕粉.......... 30 克

盐.......... 3 克
鸡精.......... 2 克
鲜汤.......... 300 克

制作方法

1. 取鲜活大明虾 5 只，剥去虾头、虾皮、虾尾。用刀背将虾仁、猪肥肉混合剁成胶质状，调入少许盐作底味；莲藕去皮，洗净后切成细粒状；西蓝花切成块，与莲藕粒分别下入沸水锅中，加盐焯至熟，控水；枸杞用清水浸泡片刻。

2. 另取剩余鲜活大明虾 10 只，剥去虾头、虾皮并留尾。从虾背破开一刀，拍上安龙藕粉，用擀面棍敲打成饺子皮形状，然后卷起至靠近虾尾。把虾胶挤成大小一致的圆子，逐个放于虾卷上，点缀眼睛及嘴制成鸟的形状，放进蒸锅内大火蒸 8 分钟至熟透，取出，滗去水分，分别放入小碟内。

3. 炒锅置旺火上，掺入鲜汤，下入莲藕粒烧沸，加盐、鸡精调味，安龙藕粉加水调成芡汁，倒入锅中收薄汁，起锅逐个浇淋在小碟内，放入熟西蓝花、枸杞点缀即成。

古城晴隆故事深
远朝近代动人心
豆豉辣鸡香久远
巾帼掌厨郑开春
女从母业炒辣鸡
少帅智勇领入门
加入豆豉增风味
和胃除烦又解腥
舌尖美味最惊喜
接待顾客多温馨
菜香人美喜众客
庄重美女做老板
辣鸡小镇创名牌
三次金奖香风劲
包装外卖成礼品
黔菜花开总是春

郑开春，1981 年出生于贵州省黔西南布依族苗族自治州晴隆县。她是贵州名厨，黔菜传承人，黔菜之星，中国黔菜文化传播使者。

郑开春师从中国烹饪大师、中国食文化传播使者、中国黔菜传承导师、黔菜少帅张智勇先生。她 2004 年开始从事餐饮业，传承了母亲李玉珍的手艺——晴隆特色豆豉辣子鸡。她 2016 年在黔西南州百年美食争霸赛获金奖，2017 年在首届国际山地美食节暨金州"三碗粉"美食节获金奖，其作品晴隆豆豉辣子鸡在黔西南州大美黔菜品鉴活动中获最受欢迎菜品，并入选《金州味道》《黔西南风味菜》等图书。同时，郑开春还担任《贵州江湖菜》《贵州风味家常菜》《黔菜味道》《贵州名菜》《金州味道》《黔西南风味菜》编委。

晴隆县被中国饭店协会授予中国辣子鸡小镇的称号，那里的辣子鸡种类极多，郑开春经营的是独一家的特色豆豉辣子鸡店，辣椒和豆豉混合在一起时色泽透人、香味扑鼻，香糯的鸡块、红彤彤的辣椒、入口即化的豆豉，是绝妙的搭配。

郑开春在颁奖仪式上留影

郑开春在赛场上的快乐时光

晴隆特色豆豉辣子鸡

巾帼厨娘 郑开春

豆豉辣子鸡

热菜。麻辣鲜香，肉质软糯，色香味浓，酒饭皆宜。

用料

土公鸡............1只（约2500克）	糍粑辣椒.......500克	花椒粉..........5克
晴隆干豆豉......150克	花椒..........10克	香料粉..........5克
姜块..........100克	盐..........10克	料酒..........50克
蒜头..........300克	胡椒粉..........5克	鲜汤..........500克
蒜苗段..........15克	熟菜籽油............2千克（约耗50克）	

制作方法

1. 选用本地土公鸡宰杀治净，砍成块状，放入盛器内，加姜块、盐、胡椒粉、料酒搅拌码味。
2. 炒锅置旺火上，放入熟菜籽油烧热，下入鸡块煸炒至发白，加糍粑辣椒、花椒、蒜头炒至出香味；下入晴隆干豆豉炒至鸡肉熟透色呈棕黄，掺入鲜汤，加盐、花椒粉及香料粉烧至入味，起锅装入盘内，撒上蒜苗段即成。

晴隆辣蜂蛹

热菜。色泽金黄，质地酥嫩，咸鲜略辣，下酒佳肴。

制作方法

1. 干蜂蛹淘洗干净，放入沸水锅中余水，控水。
2. 炒锅置旺火上，放入色拉油烧至七成热，下入蜂蛹炸至金黄色略干，捞出控油。锅内留底油，下入干辣椒段炝香至棕黑色，加姜片、蒜片、花椒煸炒至出香味，投入炸好的蜂蛹，加盐、味精、花椒油翻炒均匀，起锅装入盘内即成。

用料

干蜂蛹....	400 克
姜片......	3 克
蒜片......	5 克
干辣椒段...	10 克
花椒......	3 克
盐.......	3 克
味精......	1 克
花椒油.....	3 克
色拉油.....	适量

郑记牛干巴

热菜。色泽棕红，质地干香，咸鲜略辣，清香浓郁。

制作方法

1. 牛干巴表面洗净，切成片，入沸水锅中加料酒略煮片刻，去除多余的咸味，控水。
2. 炒锅置旺火上，放入色拉油烧至六成热，将牛干巴片下入油锅炸至略干，控油。锅内留底油烧热，下入干辣椒段、花椒、姜片、蒜片煸炒至出香味，投入炸好的牛干巴片翻炒均匀，淋入香油、红油，起锅装入盘内，撒入薄荷叶即成。

用料

牛干巴....	250 克
薄荷叶.....	5 克
姜片......	3 克
蒜片......	5 克
干辣椒段...	20 克
花椒......	3 克
料酒......	10 克
香油......	5 克
红油......	10 克
色拉油.....	适量

昔日战火留奇迹
今天娄山更美丽
林缘成就一山庄
学有所悟庹修义
冯驰门下学手艺
黔北大地笑桃李
多个食堂经历练
学员竞赛显成果
一身本领创新意
烹饪培训出大力
廿年从艺练心悟
几所职校任教师
开办山庄未偷闲
领悟开创新天地
弘扬地方风味菜
吸客八方接地气

　　庹修义，1982 年出生于贵州省遵义市。他是贵州名厨，黔菜传承人，黔菜之星，中国黔菜文化传播使者，职业中式烹饪培训师。

　　1999 年庹修义在烟厂食堂打荷，在王成聪老师指导下初学厨；2004 年至 2009 年在中华路奥其卡、鸭溪电厂食堂、遵义职院食堂等任厨师、厨师长等职位；2009 年到遵义宾馆工作，拜中国烹饪大师冯驰为师学习厨艺。

　　庹修义 2011 年起分别在黔厨厨师学校、务川就业局、遵义重美职业技术学校、泰安职校、春晖职校担任烹饪培训老师，培训烹饪学员千余人。2018 年于板桥镇创办娄山林缘生态农庄，基于多年对厨艺的领悟，发掘地方风味，依托大娄山生态资源，形成集种植、养殖、餐饮为一体的经营模式，带动产业发展和周边农民脱贫致富。

庹修义制作烤香猪

林缘生态农庄

庹修义与培训学员留影

林缘农庄　庹修义

黔北烤香猪

烧烤。选用大娄山特产香猪烤制，色泽棕红，肉香四溢，入口松脆，满口醇香，回味无穷。

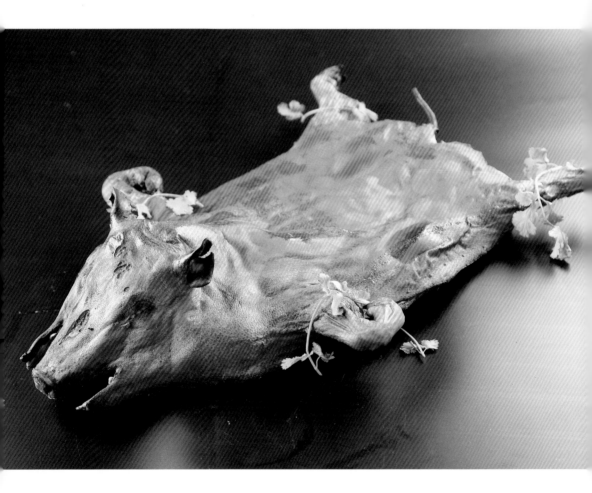

用料

乳猪..1头（约 7 千克）

五香盐.........125 克

脆皮糖水........75 克

色拉油.......... 适量

制作方法

1. 乳猪宰杀后，剖腹取出内脏，洗净后用特制的叉子将猪叉好，用热水浇淋
   猪的全身，沥干水，均匀地撒入五香盐腌制约 30 分钟。

2. 给腌制好的猪均匀地刷上脆皮糖水，放入缸（炉）烘焙 2 小时至表面成金
   黄色，取出后劈开成型，再放入明火炉上慢火烤 30 分钟至熟透，烤制期间
   要刷色拉油，烤至焦黄即成。

自古贫困出孝子
善小常为成大器
长顺沃土育新人
布依大厨梁厚智
入城打工不畏难
旅校精读学厨艺
返乡培训农民工
扶贫路上举大旗
收入微薄常资助
心系家乡盼丰时
胸怀真诚收温暖
头顶青天脚踏地
姑娘笑看红肉嫩
小伙举勺菜亦奇
走出大山摘贫帽
一路风光成良驹
神奇潮泉涌清水
杜鹃湖畔花满枝
智在舌尖信为诚
弘扬黔菜志不移

梁厚智，布依族，1983 年出生于长顺县中坝乡格丁村祥寨组。他是贵州名厨，黔菜传承人，黔菜之星，中国黔菜文化传播使者，职业中式烹饪培训师。

由于家中贫困，梁厚智初中毕业后就到贵阳打工，没有一技之长的他在小餐厅里干杂活，做了半年后决定半工半读，进入贵州旅游学校学习烹饪专业。他毕业后来到云岩宾馆，从切菜、炒菜做起，一直做到多家酒店担任头炉、厨师长、行政总厨等职位。

梁厚智 2015 年开始创业，在贵阳和长顺县推介长顺食品，用好味道征服客人，推动长顺产品走出大山，且随寻味黔菜团队考察长顺、罗甸和惠水三县，与黔菜评审团一起参加罗甸县政府的罗甸县美食大赛，并担任评委。先后参与编写《中国黔菜大典》《贵州风味家常菜》《贵州江湖菜》《黔菜味道》《贵州名菜》等图书并担任编委。他情系长顺发展，不忘家乡养育之恩，多次受新东方烹饪学院、环亚职业培训学校邀请担任烹饪培训讲师，他每年还资助贫困大学生读书。

梁厚智收到培训学员赠送的锦旗

培训课堂上的梁厚智

梁厚智与苗族学员合影

布依美厨 梁厚智

干锅虎皮爪

干锅。色泽棕红，质地熟软，卤香味浓，椒香麻爽。

用料

凤爪..........1300 克	蒜瓣............10 克	胡椒粉............1 克
土豆..........100 克	鲜花椒..........10 克	生抽............5 克
莴笋..........100 克	盐.............2 克	藤椒油...........15 克
青美人椒........25 克	味精............1 克	五香红卤水.....3 千克
红美人椒........25 克	鸡精............1 克	色拉油..........适量
姜.............8 克	白糖............1 克	

制作方法

1. 把凤爪治净，晾干表面水分，下入八成热的油锅中，炸至凤爪皮起泡成虎皮状，捞出控油，投入五香红卤水锅内卤 10 分钟，关火再浸卤 30 分钟；土豆、莴笋分别去皮，洗净后切成一字条状；青美人椒、红美人椒分别洗净，切成段；姜、蒜瓣分别洗净，切成小丁。

2. 炒锅置旺火上，放入色拉油烧至六成热，分别将土豆条炸至金黄脆嫩，莴笋条爆至断生，捞出控油。锅内放入少许油烧热，爆香姜丁、蒜丁、鲜花椒，分别下入青美人椒段、红美人椒段炒至出香味，下入土豆条、莴笋条，加盐焖炒至入味，投入浸卤好的虎皮凤爪，加鸡精、味精、白糖、胡椒粉、生抽翻炒均匀，淋入藤椒油，起锅装入砂锅内，带明火上桌即成。

苹果醉豆花

热菜。色泽清爽，质地细嫩，甜酒爽口，果香浓郁。

制作方法

1. 把苹果表面洗净，尾部用 V 形刀戳一圈，取出底盖；将内部的苹果肉挖出，切成小粒状；内酯豆腐切成颗粒状；枸杞用清水浸泡片刻。

2. 炒锅置旺火上，注入清水，加冰糖煮至化开，投入苹果粒、豆腐粒，加甜酒煮至入味，起锅逐个装入苹果内，撒入枸杞即成。

用料

长顺苹果.... 8 个
内酯豆腐.......
1 盒（约 500 克）
枸杞....... 5 克
甜酒...... 100 克
冰糖....... 30 克

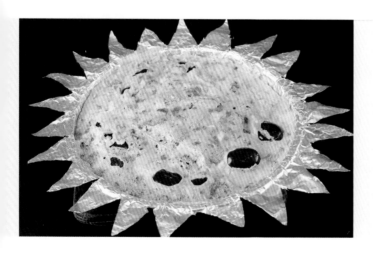

石烹绿壳蛋

热菜。色泽黄亮，质地鲜嫩，石烹气香，热气腾腾，营养美味。

制作方法

1. 把长顺绿壳鸡蛋磕入盛器内，加盐、胡椒粉搅打至起泡为佳，再放入葱花、香菜段搅匀；鹅卵石洗净，擦干水分。

2. 炒锅置中火上，放入色拉油，同时放入鹅卵石慢慢烧热，烧至滚烫后，装入已烧热垫有锡纸的铁板上，鸡蛋液一起上桌，在食客面前，把鸡蛋液倒入铁板内的鹅卵石上，熟透方可食用。

用料

长顺绿壳鸡蛋....
.... 8 个
葱花....... 15 克
香菜段..... 3 克
盐......... 3 克
胡椒粉..... 1 克
色拉油..... 适量

筑城名店黔牛香
弃警学厨有名堂
廖静人称廖幺妹
酷爱美食进厨房

开创新业不畏苦
百折不悔选坚强
妈妈教授家常菜
奶奶味道再飞扬

传统黔菜善继承
创新风味有特长
麻将造型吸人睛
双色菠面浸红汤

精选新鲜黄牛肉
带皮秘制入口爽
老贵州的软脆哨
回味乡愁人难忘

不是世家胜世家
苦学多练创辉煌
任性女儿黔菜路
意气风发斗志昂

廖幺妹，本名廖静，1983年出生于贵州省贵阳市。她是贵州名厨，黔菜传承人，黔菜之星，中国黔菜文化传播使者，职业中式烹饪培训师。

廖幺妹从小对美食感兴趣。心中有一个"警官梦"的她，从警官学院毕业后，先参加工作，后创业。最后，她选择开餐厅，做餐饮，坚持用新鲜的食材和传统的手工工艺，旨在为食客们带来"老味道"。如今，心中有一个"厨师梦"的她，用开店和微美食模式，还原记忆中的美食味道。

廖幺妹靠家庭烹饪传承和自学考取了厨师证，并积极参加各种行业活动，且得到美食名厨的指点。

廖幺妹的招牌菜是黔牛香和贵阳首创金汤小豆米火锅，还有当地传统美食，比如老贵州的金牌软脆哨、辣椒酱辣椒蘸水，以及极具年味的盐菜肉、夹沙肉、八宝饭、小米鲊等。

黔牛香火锅荣获贵州名火锅

廖幺妹廖静的卡通形象

廖幺妹·黔牛香

椒麻爆毛肚

热菜。色泽鲜艳，质地脆嫩，红油浓郁，香辣略麻，佐饭佳肴。

用料

鲜毛肚.........300克	油辣椒酱.........30克	家乐嫩肉粉.........2克
鲜嫩牛肉.........100克	糟辣椒.........10克	蚝油.........5克
鸡血旺.........150克	鲜花椒.........10克	料酒.........8克
红尖椒.........15克	味精.........1克	花椒油.........2克
嫩姜.........10克	鸡精.........2克	木姜子油.........1克
大葱、蒜苗、芹菜.....	花椒粉.........2克	熟菜籽油.........
.........各30克	胡椒粉.........1克	...1千克（约耗20克）

制作方法

1. 把鲜毛肚治净，改刀成片；鲜嫩牛肉洗净，切成薄片，放入盛器内，加蚝油、料酒、家乐嫩肉粉搅拌均匀，腌制片刻；鸡血旺切成厚片，放入沸水锅中余至熟透，捞出控水；红尖椒洗净，切成粗丝；大葱、蒜苗、芹菜分别切去根须、绿叶。将大葱白、蒜苗白、芹菜分别切成两寸长的段，嫩姜切成丝。

2. 炒锅置旺火上，放入熟菜籽油烧至六成热，下入腌制好的牛肉片爆至断生，捞出控油。锅内留底油，爆香姜丝、鲜花椒，放入糟辣椒、油辣椒酱、红尖椒丝炒至出香味，同时投入毛肚片、熟牛肉片、葱白段、蒜苗段、芹菜段，加味精、鸡精、花椒粉、胡椒粉，用大火快速爆炒并入味，最后放入熟鸡血旺，淋入花椒油、木姜子油炒匀，起锅装入盘内即成。

苦茶香锅鸡

热菜。色泽红亮,质地软糯,辣香醇和,茶香浓郁,风味独特。

用料

放养土鸡..............1只(约2千克)	蒜苗..............15克	鸡精..............3克
苦丁茶..........10克	油辣椒.........200克	胡椒粉..........5克
红尖椒.........30克	泡椒..........100克	料酒..........30克
芹菜..........30克	花椒..........10克	泡椒水..........100克
姜片..........50克	八角..........8克	熟菜籽油..........2千克(约耗30克)
	味精..........2克	

制作方法

1. 把苦丁茶提前用开水泡开,去茶叶留茶水,备用。

2. 把放养土鸡宰杀治净,斩成块状,放入盛器内,加姜片、料酒搅拌腌制入味;红尖椒洗净,切成两半;泡椒去蒂,切成斜刀段;芹菜、蒜苗分别洗净,切成小段。

3. 炒锅置旺火上,放入熟菜籽油烧热,下入腌制好的鸡块,爆炒至断生,待水分收干时,下入八角、花椒、油辣椒、泡椒段、红尖椒、泡椒水、苦丁茶水烧至棕红色,加味精、鸡精、胡椒粉炒匀,撒入芹菜段、蒜苗段,起锅装入盘内即成。

黎平侗寨风雨桥
假日休闲好地方
侗家美食何处寻
土碗香找吴廷光

二十多年从厨路
几经历练有沧桑
新东方校再深造
多位名师指教强

侗家腌肉青瓷碗
一盘烧瘪诱人香
青酒杯赛首获银
技能大赛夺金奖

自倡学厨重厨德
从厨做人需善良
十佳名厨人皆知
致力黔菜有弘扬

吴廷光，侗族，1984年出生于贵州省黔东南侗族苗族自治州黎平县。他是贵州名厨，黔菜传承人，黔菜之星，中国黔菜文化传播使者，黔东南十佳名厨。

1999年吴廷光在黎平县侗族家园做学徒；2003年在贵阳新东方烹饪学校学习；2004年在北京首景火锅城站炉子；2006年在剑河县粮贸宾馆苗侗食府任厨师长；2008年在凯里学做酸汤，在吉泰酒店跟随李碧海老师学做川菜；2010年在都匀西苑景辉酒店任厨师长；2012年于新东方金牌大厨班毕业；2013年在黎平县创办黎平土碗香民族餐饮文化有限公司；2015年在贵阳跟随宋德新老师学做粤菜；2017年在河南拜郭义为师。

2014年吴廷光的作品荣获贵州黎平首届"绿野油脂"杯宴席类一等奖；2016年他的作品荣获全国新东方长沙杯金奖，"侗族风情园杯"第二届黔东南州特色美食大赛宴席类二等奖，并在首届全国乡土菜展示交流赛中荣获中国乡土菜名宴。

2014年吴廷光的团队参加贵州省第三届茅台杯烹饪技能大赛荣获团体赛金奖；2015年他的团队荣获贵阳新东方"天禾"杯烹饪技能大赛团体赛银奖；2016年他的团队在贵阳新东方烹饪学院第四届烹饪技能创新大赛中获团体银奖。

2016年吴廷光在首届全国乡土菜展示交流赛中获个人赛金奖；2017年在黔东南州大美黔菜展示品鉴推广活动暨十佳名厨评选大赛中，被评为黔东南州十佳名厨，并担任《黔菜味道》《贵州名菜》编委。

佰里侗寨土碗香获得黔东南十佳餐饮名店称号

佰里侗寨土碗香荣誉墙

佰里侗寨 吴廷光

石锅牛四两

热菜。色泽鲜艳，质地脆嫩，椒香突出，风味独特。牛四两，又名牛黄金，是牛胸口处脂肪较多的部位，因为一头牛只有很少的一点儿，所以名为"牛四两"。

用料

牛四两.........350 克	鲜花椒..........15 克	蒸鱼豉油..........5 克
青线椒..........50 克	盐...............2 克	东古一品酱油.....5 克
小尖红椒..........30 克	味精.............1 克	藤椒油..........15 克
香葱段...........5 克	胡椒粉...........1 克	料酒..........15 克
姜片.............3 克	白糖.............2 克	干淀粉..........10 克
蒜片.............5 克	熟菜籽油........30 克	鲜汤..........200 克

制作方法

1. 把牛四两洗净，切成薄片，放入盛器内，加盐、味精、料酒、干淀粉拌匀腌制片刻；青线椒、小尖红椒分别洗净，切成颗粒状。

2. 炒锅置旺火上，放入熟菜籽油烧热，下入香葱段、姜片、蒜片爆香，分别加入一部分鲜花椒、青线椒粒、小尖红椒粒炒至出香味，掺入鲜汤，加入蒸鱼豉油、东古一品酱油、藤椒油、盐、味精、胡椒粉、白糖烧至入味，用细漏勺捞出料渣，投入腌制好的牛四两煮至熟透，起锅装入已烧热的石锅内。

3. 炒锅放入油烧热，迅速下入剩余的鲜花椒、青线椒粒、小尖红椒粒,起锅浇淋在石锅内的主料上,焰香即成。

用料

猪心	100克	香菜	5克
猪肝	100克	吴茱萸	5克
猪粉肠	100克	盐	3克
猪瘦肉	100克	味精	1克
猪血	300克	胡椒粉	1克
折耳根	50克	料酒	30克
干朝天椒	30克		

制作方法

1. 把猪心、猪肝、猪粉肠、猪瘦肉分别洗净，切成大片，放入盆中，加盐、味精、胡椒粉、料酒拌匀腌制片刻；折耳根、香菜分别洗净，切成小段；将干朝天椒烧熟后捣成糊辣椒面。

2. 将腌制好的主料分别放入炭火上烤至熟透，取出切成柳叶片，放入盆中，加盐、味精、糊辣椒面、折耳根段、吴茱萸搅拌均匀，再放入猪血、香菜段拌匀，装入盘内即成。

古侗家血红

冷菜。色泽鲜红，质地熟软，香辣略苦，民族风味。

用料

农家土鸡		盐	3克
1只（约2千克）		味精	1克
蒜末	10克	米醋	10克
姜块	80克	料酒	30克
糊辣椒面	15克		

制作方法

1. 用刀在农家土鸡喉咙处破口，将鸡倒立放血，鸡血盛入容器内，加少许米醋拌匀；把鸡烫毛、拔毛、剖腹、去内脏、洗净。

2. 炒锅置中火上，下入米醋鸡血烧沸，用小火熬至浓稠，起锅装入盛器内，加糊辣椒面、盐、味精、蒜末搅拌均匀成醋血酱料。

3. 取一汤锅注入清水，置旺火上烧沸，投入光鸡，加姜块、盐、味精、料酒煮至熟透，捞出晾凉，斩成大块状，码入盘内，同时配上醋血酱碟即成。

侗家醋血鸡

冷菜。色泽淡黄，质地熟嫩，血鲜味酸，蘸食爽口，民族风味。

黔北桐梓古文明
武帝出史有唐蒙
娄山关前遗战迹
黔厨后勤黄进松

从师厨艺黄永国
黔厨办学播州红
培训学员做后勤
细致上进显烹功

为人善学扎实进
面点红案注深情
中式高级烹调师
喜穿军装戴红星

默默无闻做后勤
学员上进喜气生
甘洒汗水为黔菜
黔厨教育富路通

黄进松，1985 年出生于贵州省遵义市桐梓县。他是中式高级烹调师，贵州名厨，黔菜传承人，黔菜之星，中国黔菜文化传播使者。

2001 年黄进松从厨学艺，师从中国烹饪大师、黔厨厨师培训学校校长黄永国先生。他在遵义宾馆学习面点，在云中酒家学习红案，先后担任大众香黔菜食府、机关幼儿园、黔北花海迎宾楼等酒店和餐厅的厨师长。现担任黔厨厨师职业培训学校烹饪教师和后勤主任、黔厨餐饮管理服务有限公司会展中心主任，并担任《黔菜味道》《贵州名菜》编委。

黄进松与同行们在中国
黔菜泰斗古德明师祖
八十八岁寿诞上留影

黔厨星秀
黄进松

诗乡酱烤鱼

热菜。成菜美观，色泽红艳，家常味道，风味浓郁。

用料

河鱼................	番茄............50 克	盐...............3 克
......1 条（约 2 千克）	薄荷叶..........10 克	料酒............15 克
贵州糟辣椒......100 克	姜片............10 克	白糖............5 克
山奈辣椒酱......30 克	葱结............10 克	色拉油..........适量

制作方法

1. 把河鱼去鳞，从脊背剖开，去内脏，冲净后，在鱼身两侧切上斜刀，放入盛器内，加料酒、葱结、姜片、盐腌制 10 分钟；番茄洗净，剁成茸。

2. 炒锅置旺火上，放入色拉油烧至六成热时，下入腌制好的河鱼，炸至金黄色，捞出滤油，放入托盘内待用。

3. 炒锅内留底油烧热，下入贵州糟辣椒、山奈辣椒酱、番茄茸、白糖炒至出香味，起锅浇在托盘内的河鱼上，撒上薄荷叶，随炭火炉上桌。

回锅黑山羊

热菜。色泽红亮，质地酥烂，药香食补，麻辣味香。

用料

黔北黑山羊 1千克	糍粑辣椒 50克	酱油 10克
姜块 50克	豆瓣酱 30克	陈醋 3克
蒜瓣 30克	细辣椒粉 50克	料酒 300克
香菜段 10克	盐 5克	熟菜籽油 150克
八角、花椒、草果、山奈、	味精 2克	羊油 50克
砂仁、桂皮、茴香、香叶	白糖 2克	大葱 12克
.... 各5克	花椒粉 5克	姜片 5克

制作方法

1. 把八角、草果、山奈、砂仁、桂皮、茴香、香叶等香料混合后放入盛器内，加盐，倒入清水搅拌浸泡片刻，控水，装入纱布内，加花椒包扎好，待用；将黔北黑山羊治净，去骨，把羊肉放入冷水锅中，加料酒烧沸，捞出，用清水冲净，然后放入大汤锅内，注入清水烧沸，撇去浮沫，加姜块、料酒、大葱、香料包，用微火炖至熟透，取出，压上重物并晾凉，切成厚片。

2. 炒锅置旺火上，放入熟菜籽油、羊油混合烧热，下入糍粑辣椒、豆瓣酱、姜片、蒜瓣炒至出香味，掺入羊肉汤烧沸，用细漏勺捞出料渣，将红汤汁装入盛器内，待用。

3. 炒锅放入混合油烧热，下入细辣椒粉炒至油红，掺入红汤汁，投入熟羊肉片，加盐、白糖、味精、花椒粉、酱油、陈醋烧至入味，待汤汁收干时，起锅装入盘内，撒上香菜段即成。

走进智勇大师门
成为古氏一高徒
志远胸怀成大业
致力黔菜高小书
深研黔菜办鱼宴
食材取之万峰湖
鱼飞生财成美谈
金州美食伴歌舞
美味黔菜成大树
黔龙出山获好评
全鱼宴里论品足
鱼米之香招贵客
黔菜事业出大力
奔走共助显风骨
编书著论推黔菜
愿为黔菜打基础

高小书，1985 年出生于贵安新区马场镇。他是中式烹调高级技师，国家级评委，中国烹饪大师，中国黔菜文化传播使者，黔菜书院讲师团高级讲师兼副秘书长，中国食文化研究会黔菜专业委员会副秘书长，黔西南州饭店餐饮协会供应商委员会副主任兼黔菜研究会副会长。

高小书师从中国烹饪大师、中国食文化传播使者、中国黔菜传承导师、黔菜少帅张智勇先生。高小书 2003 年入厨，在层层大厦、三江甲鱼楼等酒店和餐厅任厨师、主厨、厨师长；2012 年创办兴义湘之缘特色原料行；2015 年经营兴义桂林山庄；2017 年创办兴义渔米之香酒楼；2018 年开办直营连锁店，主要经营宴席，同时经营全鱼宴、万峰湖鱼系列，菜品极具特色。他是《黔菜味道》核心创作人，并担任《黔西南风味菜》《金州味道》副主编，《贵州江湖菜》《贵州风味家常菜》《贵州名菜》编委。

高小书拜望中国黔菜泰斗古德明师爷，于其家中留影

高小书作为评委出席三都民族美食节开幕式

高小书与中国黔菜泰斗古德明、省食文化研究会首届秘书长张乃恒一行光临兴义渔米之香留影

渔米之香

高小书

万峰黔鱼宴

　　用万峰湖大鱼制作的万峰黔鱼是兴义渔米之香富贵酒楼及其连锁店的当家菜。高小书团队和张智勇团队通过多年苦心钻研，研发出多套菜谱，开发出具有黔菜风格的全鱼宴席，菜式搭配精妙，菜品种类丰富，是渔米之香宴会宴席的典型代表，深受好评。

黔鱼跃出山

　　布依族特色鱼肴，选用兴义万峰湖野生大鲤鱼，用多种香料腌制入味，炸至定型，外酥里嫩，形美味佳。张乃恒先生诗云：黔龙出山鲤鱼跳，布依老翁来指教。配好香材再创新，香辣奇香九州飘。

用料

万峰湖大鲤鱼	1500克	干豆豉	30克	十三香粉	6克
芹菜段	30克	鸡蛋	2个	生抽	6克
香菜段	20克	盐	6克	酱油	5克
胡萝卜片	30克	干淀粉	30克	红油	20克
洋葱片	30克	料酒	20克	花椒油	5克
香葱段	20克	干辣椒段	30克	香油	5克
蒜瓣	20克	干辣椒丝	50克	白糖	2克
姜片	20克	花椒	20克	色拉油	适量

制作方法

1. 把万峰湖大鲤鱼治净，从尾部剖开至头部相连，鱼身内打十字花刀，入盛器，放芹菜段、香菜段、胡萝卜片、洋葱片、香葱段、蒜瓣、姜片、盐、白糖、生抽、酱油、料酒、干辣椒段、花椒、十三香粉腌制1小时，使其充分入味；鸡蛋磕入碗中，搅匀成蛋液，将腌好的鲤鱼裹匀蛋液，拍上干淀粉。

2. 油锅置大火上烧至六成热，下鱼炸至定型，改中火浸炸至色泽金黄、外酥里嫩时捞出装盘；另起锅上火入红油，下干辣椒丝、干豆豉炒香，放花椒油、香油，浇淋在盘中的鱼身上，炝香即成。

古城安龙黔菜香
一枝新秀野菜坊
藏龙卧虎育人才
文化厨师陈大江

十里招堤有古韵
荷蓬水下珍宝藏
大江年轻八零后
为人诚厚又豪爽

精心研制三碗粉
火麻追风肉丸汤
追寻黔味享之乐
专心保质求健康

厚德载物有厨魂
善以挥毫诉衷肠
举勺烹饪显真诚
舞笔书写润心房

山育沃土选食材
以食会友雅厅堂
书魂烹韵练内功
甘为黔菜正气扬

陈大江，1985 年出生于贵州省黔西南州布依族苗族自治州安龙县招堤街道办事处冗华村。他是贵州名厨，黔菜传承人，黔菜之星，中国黔菜文化传播使者。

陈大江从事餐饮服务工作已有 15 年。他豪爽实在、做事认真，坚持用灵感创作美味的食物。他于 2005 年到贵阳市的胡红农家菜餐厅学习，后来到省气象局黔云培训中心工作，并考取了厨师资格证。2011 年回家乡安龙县创业，出于对烹饪和书法的喜好，他开办了野菜坊，制作私房美肴供食客享用，并在闲暇之余练习书法，将农家美食与养生饮食文化、中国传统文化进行融合。

陈大江创业近 10 年，通过不断努力和创新，一步步走向新的起点，并希望带动更多和他一样有创业梦想的年轻人一起前进。

酷爱烹饪和书法的陈大江

陈大江与中国饭店协会副会长张景富在安龙剪粉店前合影

书魂烹韵 陈大江

荷香鲜菌王

热菜。色泽鲜艳，质地脆嫩，菌香略麻，口感弹牙。

用料

牛肝菌、香菇、茶树菇、口蘑、鸡腿菇、猪肚菌、猴头菇、蘑菇..各50克	姜片..........5克	辣鲜露..........5克
鸡脯肉..........50克	蒜片..........8克	水淀粉..........10克
小尖红椒........20克	鲜花椒..........10克	藤椒油..........5克
小尖青椒........20克	盐..........4克	鲜汤..........1千克
鸡蛋..........1个	胡椒粉..........1克	料酒..........2克
	鸡精..........2克	色拉油..........适量

制作方法

1.把牛肝菌、香菇、茶树菇、口蘑、鸡腿菇、猪肚菌、猴头菇、蘑菇分别洗净，放入鲜汤锅中，加盐煮至断生，捞出控水；鸡脯肉治净，切成薄片，放入盛器内，加盐、料酒、水淀粉，打入鸡蛋搅拌均匀；小尖红椒、小尖青椒分别洗净，切成斜刀段。

2.炒锅置旺火上，放入色拉油烧至五成热，下入码好味的鸡脯肉片爆至断生，捞出控油；锅内留底油烧热，爆香姜片、蒜片，下入小尖青椒段、小尖红椒段、鲜花椒炒至出香味，放入处理好的菌菇、熟鸡脯肉片，加盐、鸡精、胡椒粉、辣鲜露翻炒均匀，淋入藤椒油，起锅装入盘内即成。

野菜肥肠鸡

火锅。色泽褐红，质地熟软，香辣浓郁，回味无穷。

用料

土公鸡............1只（约2500克）	时令野菜........适量	草果............1颗
猪大肠........800克	糍粑辣椒......250克	豆蔻............3克
土豆........300克	豆瓣酱......50克	盐............6克
芹菜........50克	泡海椒......100克	白糖............3克
姜块........125克	干辣椒......10克	胡椒粉............5克
蒜瓣........125克	砂仁......5克	啤酒............1瓶
蒜苗........10克	八角......3克	鲜汤........1500克
	花椒......3克	熟菜籽油........30克

制作方法

1. 选用农家养殖的土公鸡宰杀、烫毛、拔毛、破肚、取内脏，治净后斩成4厘米长的块状；猪大肠翻洗干净，煮至熟透，捞出控水，切成段；土豆去皮，洗净后切成条状，放入火锅盆内垫底；蒜苗、芹菜分别洗净，切成小段；时令野菜洗净，待用。

2. 炒锅置旺火上，放入熟菜籽油烧热，下入姜块、蒜瓣、糍粑辣椒、豆瓣酱炒至油红，下入干辣椒、泡海椒、砂仁、八角、花椒、草果、豆蔻炒至香味四溢，投入鸡块炒干水分并出香味，再放入熟猪大肠段翻炒几下，倒入啤酒、鲜汤烧沸，调入盐、白糖、胡椒粉焖20分钟入味，起锅倒入垫有土豆条的器皿中，倒入蒜苗段、芹菜段，上桌开火，同时配上野菜，一同烫食。

世杰菜馆学黔菜
踏入征途再出发
游历各地为融合
勇于创新赞任亚

南瓜盆内飘黔香
金光闪亮嫩球虾
管理精细人际广
创新黔菜显奇招

为人正直肯上进
常为善小怀天下
休闲济困进校园
爱心激励染红霞

不求与人比高低
超越自己求升华
厨德滋润从厨路
潇洒人生走天涯

任亚，1985 年出生于贵州省遵义市习水县。他是贵州名厨，黔菜传承人，黔菜之星，中国黔菜文化传播使者。

2003 年任亚开始在世杰黔菜馆学习，全面学习了黔菜的基本技能和烹饪烹调方法，后到北京、上海、海南、内蒙古等地进行学习交流，取长补短，把黔菜的食材、烹调方法与各家菜系融合，对创新黔菜有一番独特的认识，现担任贵阳新世界酒店中厨行政副总厨。

任亚于 2018 年 9 月在环球美味·贵州黔菜美食大赛中荣获卓越大厨冠军，个人作品"独山盐酸炒小排"荣获贵州十大新派精品黔菜；2019 年在上海荣获蓝带国际2019 环球美味卓越大厨烹饪大赛 "卓越大厨"称号，全国仅 7 名选手获此称号，他是贵州唯一获邀赴法国蓝带学院学习的厨师。

任亚为人正直诚恳、勤奋上进，且热爱社会公益，有很强的责任感和合作意识，入厨学习十多年来积累了大量的工作经验和人际资源，具有良好的管理技能及优秀的职业素养，更有吃苦耐劳的精神。

任亚的获奖证书

任亚获得 2018 年环球美味·贵州黔菜美食大赛卓越大厨冠军

任亚在公益活动中烹饪并接受电视台采访

厨政创新届 任亚

盐酸炒小排

热菜。色泽鲜艳，质地酥嫩，咸酸味浓，造型新颖。

用料

黑毛猪小排......500 克	蒜瓣............15 克	黑胡椒粉.........2 克
盐酸菜..........25 克	姜末............3 克	鸡粉............1 克
香辣菜..........25 克	蒜末............5 克	酱油............5 克
酥花生仁........10 克	香菜末..........5 克	粘米粉、糯米粉、淀粉、
熟白芝麻.........1 克	葱花............5 克	澄面.........各 10 克
青美人椒........12 克	手工干细面条....100 克	碱水.............适量
红美人椒........12 克	椒盐............4 克	色拉油..........适量
胡萝卜..........50 克		

制作方法

1. 把黑毛猪小排砍成 5 厘米长的块状，放入碱水中腌制 3 小时，然后用清水冲洗尽血水；胡萝卜洗净，切成小块，放入打汁机内，加蒜瓣搅打成汁；青美人椒、红美人椒分别洗净，切成颗粒状；盐酸菜剁成碎粒状。

2. 用厨房纸吸干小排块的水分，放入盆中，加入胡萝卜大蒜汁、鸡粉、椒盐、酱油、黑胡椒粉搅拌均匀，腌制 4 小时以上，再放入粘米粉、糯米粉、淀粉、澄面拌匀。另把手工干细面条弯成半月形，在油锅中炸至定型，捞出控油，装入盘内。

3. 将炒锅置中火上，放入色拉油烧至七成热，下入腌制好的小排块炸至表面金黄，转为小火慢炸至熟，捞出控油。锅内留底油烧热，爆香姜末、蒜末，下入青美人椒粒、红美人椒粒、盐酸菜粒、香辣菜煸炒至出香味，投入炸好的小排翻炒均匀至入味，撒入香菜末、葱花、熟白芝麻、酥花生仁炒匀，起锅放入盘内的酥面条上即成。

油淋水晶虾

热菜。色泽美观，质地滑嫩，汤浓味美，晶莹剔透。

用料

活基围虾	300 克	胡萝卜	50 克	盐	5 克
猪五花肉馅	100 克	青红美人椒圈	15 克	鸡粉	5 克
虾胶	50 克	姜片	10 克	白醋	25 克
鲜黑皮鸡枞菌	50 克	鲜花椒	10 克	藤椒油	25 克
金瓜	100 克	野山椒	10 克	淀粉	5 克
西芹	50 克	黄剁椒酱	50 克		

制作方法

1. 取一不锈钢奶锅，注入 1000 毫升纯净水，放入姜片、西芹、金瓜、胡萝卜、黄剁椒酱、野山椒熬至汤汁金黄，离火过滤，去掉料渣，调入盐、鸡粉、白醋制成金酸汤。

2. 取 10 只活基围虾，去头留用，洗净，从虾背破开一刀，拍上淀粉，用擀面棍将虾皮连肉敲打成饺子皮形状。将鲜黑皮鸡枞菌剁细，加猪五花肉馅、虾胶拌匀，调入盐，包入虾皮中，与虾头一起上笼蒸 6 分钟后取出，将熟虾及虾头分别放入小碗中，淋入调制好的金酸汤，放入熟黑皮鸡枞菌点缀。

3. 炒锅放入藤椒油烧热，下入青红美人椒圈、鲜花椒，起锅逐个浇淋在小碗内的熟虾上，炝香即成。

满汉全席央视赛
曾当助手获五名
黄永国大师高徒
厨艺人生林茂永

黔厨职校为主任
红军食堂抖威风
黄焖鸡红鲜又亮
翠绿黄瓜数点红

黔北花海曾记忆
红军战绩写丰功
数典黔菜显魅力
立志追味意无穷

从厨求精在于艺
演艺黔菜诉深情
红军食堂做总厨
精美黔菜享红城

林茂永，1986年出生于贵州省遵义市桐梓县。他是中式高级烹调师，贵州名厨，黔菜传承人，黔菜之星，中国黔菜文化传播使者。

2003年林茂永从厨学艺，师从中国烹饪大师、黔厨厨师培训学校校长黄永国先生。他曾在遵义蓝天宾馆、天地蓉和酒店担任主墩、主炉，在七十二行酒楼担任主厨、厨师长，现任遵义红军食堂行政总厨，黔厨厨师职业培训学校烹饪教师、教导主任，并担任《黔菜味道》《贵州名菜》编委。

2005年9月，作为黄永国老师的助手，林茂永参加央视满汉全席擂台赛，喜获第五名的成绩。

林茂永作为黄永国助手，荣获满汉全席擂台赛第五名的成绩

黔厨艺高

林茂永

黔厨黄焖鸡

热菜。在绥阳诗乡鸡和桐梓娄山黄焖鸡的基础上改进融合而成。色泽红亮，肉质香嫩，地方特色，风味浓郁。

用料

绥阳土鸡............ ...... 1只（约2500克）
绥阳辣椒酱..... 100克
糍粑辣椒....... 150克
熟菜籽油....... 500克
姜块........... 50克
蒜苗........... 30克

蒜瓣........... 100克
盐............. 6克
冰糖........... 10克
酱油........... 20克
黄酒........... 25克
骨头汤........ 500克

制作方法

1. 把绥阳土鸡宰杀、烫毛，去内脏，清洗干净，斩成4厘米长的块；蒜苗洗净，切成马耳形。

2. 炒锅置旺火上，下熟菜籽油烧热，下入糍粑辣椒炒至深褐色，放入姜块、蒜瓣、绥阳辣椒酱炒出香味，然后下入斩好的鸡块，将水分炒干，倒入骨头汤将鸡块淹没，加入黄酒、盐、酱油、冰糖烧沸调好味，盖好锅盖转为小火，慢慢焖烧至鸡块离骨、肉变软时，开盖将水分收干，起锅装入盛器内，撒上蒜苗段即成。

寻味黔菜到兴义
原生食材有实力
皇冠酒店周刚辉
深研黔菜见识广
东方烹院学烹饪
多家酒店练厨艺
迎宾馆里现身影
冠州宾馆再深习
练就厨艺十八般
博采众长创奇迹
酒店喜有招牌菜
满目菜肴皆特奇
力推黔菜树形象
大赛金奖无争议
多菜融合出新品
助推旅游常相忆

周刚辉，1986 年出生于贵州省黔西南布依族苗族自治州兴义市桔山镇。他是贵州名厨，黔菜传承人，黔菜之星，中国黔菜文化传播使者。

2004 年周刚辉进入贵阳新东方烹饪学院学习，2006 年于贵阳云天大酒店从厨；2008 年任兴义盘江人家厨师、主厨；2014 年起在兴义皇冠酒店任厨师长；2016 年到贵阳花溪迎宾馆、贵阳冠州宾馆、贵州饭店学习；2017 年 5 月到南京旅游学院参加厨师长培训班，同年 7 月到越南考察学习。

周刚辉在烹饪学校学习了 2 年，具有 10 年厨师工作经验，对黔菜有自己的理解，他将中西菜品结合、多菜系结合，并学习应用"五常管理"和"4D 管理"模式创造新型黔菜。他目前担任五星酒店厨师长，用所学知识武装自己，力推黔菜。

周刚辉厨师长工作时留影

新派黔菜 周刚辉

八宝如意鸽

蒸菜。造型美观，色彩鲜艳，质地软嫩，营养丰富。

用料

乳鸽............2只（约1200克）	姜片............10克	十三香............5克
薏仁米、五彩糯米、花生仁、熟火腿、青豆...............各50克	香葱段............10克	料酒............20克
	姜末............5克	麦芽糖水............50克
	葱花............3克	水淀粉............10克
干小红枣、干桂圆、干小香菇.......各30克	盐............4克	香油............2克
	鸡精............3克	熟猪油............30克
小尖椒..........15克	胡椒粉............2克	鲜汤..........100克

制作方法

1. 把乳鸽宰杀，从颈部下刀，整鸽脱骨，去除骨头和内脏，洗净放入盛器内，加盐、姜片、香葱段、料酒腌制片刻；将薏仁米、五彩糯米、花生仁、干小红枣、干小香菇、干桂圆分别用温水浸泡至涨发；泡好的小香菇、小红枣、桂圆以及熟火腿分别切成小丁；小尖椒洗净，切成颗粒状。

2. 炒锅置旺火上，放入熟猪油烧热，爆香姜末，下入熟火腿丁、香菇丁炒至出香味，再放入泡好的薏仁米、五彩糯米、花生仁、小红枣丁、桂圆丁及青豆炒至出香味，调入盐、胡椒粉、鸡精、十三香翻炒均匀，淋入香油，装入盛器内制成八宝配料。

3. 将炒好的八宝配料填入去骨的乳鸽内，封口。把乳鸽全身均匀地抹上麦芽糖水，下入六成热的油锅中炸至金黄色并定型，捞出控油，装入盛器内，加姜片、香葱段，放入蒸笼内蒸至4～5小时，取出，滗去汤汁留用，并把封口破开，盛入盘内。炒锅放入汤汁烧沸，勾入水淀粉收汁，亮油，起锅浇淋在盘内的熟乳鸽上，撒入小尖椒粒、葱花即成。

鸳鸯狮子头

热菜。色泽亮丽，质地鲜嫩，双味醇香，一菜两吃。

用料

猪五花肉.......500 克	姜片...........20 克	味精...........2 克
猪皮..........300 克	香葱结.........20 克	胡椒粉.........3 克
鸡骨..........250 克	姜末...........10 克	糖色...........50 克
薏仁米.........50 克	淀粉...........30 克	料酒...........20 克
龙口粉丝........50 克	八角...........3 克	鲜汤.........1500 克
野生干小香菇.....30 克	盐.............6 克	色拉油.........适量
蛋清...........2 个		

制作方法

1. 把猪五花肉治净，剁成泥；将薏仁米、野生干小香菇分别用温水泡发，将香菇切成细粒状；龙口粉丝用温水泡发，改刀成小段。

2. 在五花肉泥中分别放入薏仁米、香菇粒、姜末、粉丝段、盐、胡椒粉、蛋清、淀粉搅打至起胶，制成两个大丸子。

3. 炒锅置旺火上，放入色拉油烧至六成热，取一个大丸子下入油锅中，炸至表面金黄，捞起控油。锅内倒入鲜汤，投入炸好的大丸子，下入猪皮、姜片、香葱结，加糖色、料酒、八角、盐、味精、胡椒粉，用小火炖至 5～6 小时熟透并入味，制成红烧大丸子；将汤锅注入清水，下入姜片、香葱结烧至水温 80 度，投入另一个大丸子，下入猪皮、鸡骨，加料酒、盐、味精、胡椒粉，用小火慢炖至 5～6 小时熟透并入味，制成清炖大丸子。分别将制作好的大丸子装入盘内，浇淋原汤芡汁即成。

梦幻松桃清如许
梵净圣地显神奇
告别故土学烹饪
从师重教杨绍宇

农村孩子肯吃苦
四川烹专学厨艺
勤工俭学勇历练
半工半读抢先机

结识大师孙文亮
学习川菜扎根基
返乡融合做黔菜
本土口味香四溢

多地交流取所长
创新黔菜有实力
兼任教师与导师
经典黔菜润桃李

杨绍宇，苗族，1987年出生于贵州省铜仁市松桃苗族自治县。他是中式烹调高级技师，中国烹饪大师，贵州名厨，黔菜传承人，黔菜之星，中国黔菜文化传播使者，烹饪教师。

在农村长大的杨绍宇，从小养成了吃苦耐劳的好习惯，怀着对美食的无比向往，前往四川烹饪高等专科学校（今四川旅游学院）学习烹饪专业。大学期间勤工俭学，在成都多家高档酒店和酒楼半工半读，大专毕业以后，被学校推荐到当时成都最豪华的五星级酒店成都香格里拉大酒店工作，在这里结识良师——川菜著名大师孙文亮。在师父的精心指导下，他刻苦钻研，很快对川菜有了较为全面的认识，并能够独当一面，先后在成都安逸158酒店、明珠酒店、银杏酒楼、成都会馆担任厨师。之后在师父的推荐下奔赴广东学习粤菜，并在北京、海南、湖南等地进行交流学习。

2013年，杨绍宇回到家乡，担任贵阳凯宾斯基大酒店厨师，后升任炒锅副厨师长，同年担任贵阳市女子职业学校、贵阳市旅游学校兼职烹饪教师、校外导师、企业指导教师。2014年11月，作为贵州代表到北京参加APEC峰会的国宴接待工作。2018年担任贵阳市女子职业学校、贵阳市旅游学校任烹饪教师，并担任《贵州名菜》执行副主编，《贵州江湖菜》《贵州风味家常菜》《黔菜味道》编委。

杨绍宇参与APEC会议国宴接待工作

杨绍宇带领学生参加赛事获奖

杨绍宇与中国拳王邹市明合影

桃李芬芳

杨绍宇

梵净山奇珍

热菜。色泽棕黑，质地鲜嫩，肉馅味美，口感爽滑，营养丰富。

用料

干羊肚菌	12 个	香葱段	5 克	蚝油	5 克
猪肥瘦肉	50 克	盐	3 克	海鲜酱	8 克
鸡蛋清	1 个	胡椒粉	1 克	水淀粉	25 克
姜末	5 克	酱油	3 克	香油	2 克
葱花	5 克	柠檬红烧酱油	5 克	鲜汤	200 克
姜片	5 克	鲜露	3 克	色拉油	适量

制作方法

1. 把干羊肚菌用温淡盐水浸泡 10 分钟，再用清水冲洗干净，控水，择下伞柄，切成细粒状；猪肥瘦肉去皮，剁成肉末，加羊肚菌伞柄粒、姜末、葱花、盐、胡椒粉、酱油、蚝油、水淀粉、鸡蛋清、香油搅拌均匀成馅料。

2. 将馅料装入裱花袋中，逐个灌入羊肚菌伞内，放入盘内，上笼蒸 8 分钟定型，取出，蒸汁留用。

3. 炒锅置旺火上，倒入色拉油烧热，爆香姜片、香葱段，掺入鲜汤烧沸，用漏勺捞出汤内的渣料，将蒸好的羊肚菌连汁投入，加海鲜酱、鲜露、柠檬红烧酱油烧至入味，待汤汁收干时，撒入胡椒粉，淋入香油，起锅装入盘内即成。

椒香烤羊排

热菜。色泽艳丽，质地细嫩，肉嫩酱浓，香辣略麻。

用料

羊肋骨.......... 800 克
红薯.......... 100 克
小尖青椒.......... 30 克
小尖红椒.......... 30 克
鲜花椒.......... 155 克
香辣酱.......... 50 克
黄豆酱.......... 15 克

海鲜酱.......... 10 克
排骨酱.......... 10 克
红辣椒粉.......... 5 克
五香粉.......... 5 克
盐.......... 2 克
姜粉.......... 3 克

蒜粉.......... 3 克
胡椒粉.......... 2 克
鸡粉.......... 4 克
香葱粉.......... 3 克
藤椒油.......... 3 克
色拉油.......... 适量

制作方法

1. 将羊肋骨冲净血水，控水，加香辣酱、黄豆酱、海鲜酱、排骨酱、红辣椒粉、五香粉、姜粉、蒜粉、胡椒粉、鸡粉、香葱粉搅拌均匀，腌制 4 ~ 5 小时；红薯去皮，洗净后切成细丝，放入清水中浸泡片刻；小尖青椒、小尖红椒分别洗净，切成颗粒状。

2. 炒锅置旺火上，放入色拉油烧至六成热，将红薯丝控水，下入油锅中炸至酥脆，捞出控油，撒入盐搅拌均匀，装入盘内垫底，待用。把腌制好的羊肋骨用锡纸包裹起来，进入上下火230℃的烤箱内烤约 45 分钟至熟透，取出改刀，装入盘内垫有的脆红薯丝上摆放好。

3. 炒锅放入藤椒油烧热，爆香小尖青椒粒、小尖红椒粒、鲜花椒，起锅浇淋在盘内的熟羊肋骨上即成。

三碗粉誉满神州
百年老店焕青春
羊粉竞赛凯歌奏
全羊火锅成名牌
刘氏羊粉唱春秋
拍摄多部宣传片
央视采风为头筹
贵州电视曾颂扬
古老工艺相传承
五代传人皆坚守
选料精细始如一
金州一绝未夸口
五代传人刘正友
百年老店羊肉粉
传统佳肴齐争秀
兴义美食花如锦

刘正友，1987 年出生于贵州省黔西南布依族苗族自治州兴义市。他是贵州名厨，黔菜传承人，黔菜之星，中国黔菜文化传播使者。

刘正友作为刘氏第五代传人，传承了家族传统技艺，于 2006 年开始经营百年老字号——刘记羊肉粉馆。他受到兴义电视台、贵州电视台《我在贵州等你》、CCTV-2《消费新主张》等媒体的采访。

2007 年贵州省黔菜与茶文化节授予刘记羊肉粉馆"贵州名火锅""贵州名点""贵州名小吃"称号；刘记羊肉粉馆在 2011 年第六届贵州旅游产业发展大会旅游美食节名小吃评比活动中荣获金奖和"金州名小吃""金州名火锅"称号；在 2016 年黔西南州百年美食争霸赛中荣获黔西南州"十佳百年美食"称号；在 2016 年盘江暖冬季暨中国首届国际羊肉粉节上荣获"中国羊肉粉之乡品牌店"；2017 年刘记羊肉粉馆被中国饭店协会授予"中国名小吃""中国十大山地美食"称号。

刘记羊肉粉馆起源于清朝末年，改革开放后，响应党的政策，于 1982 年营业至今，经过刘氏五代人的研制、创新，羊肉粉、全羊火锅蜚声黔西南，是兴义饮食中的一绝。

老字号刘记羊肉粉推出酱香羊肉火锅

刘正友接受 CCTV-2《消费新主张》栏目采访

刘正友带领团队参加首届山地国际美食节获金奖

百年酱香 刘正友

兴义羊肉粉

小吃。米粉雪白，肉质熟嫩，汤鲜味醇，热气腾腾，香气扑鼻，酱香味浓。

用料

兴义米粉.......200克	葱花.............3克	羊肉汤.......300毫升
羊骨............2千克	煳辣椒面.........5克	香料包.........200克
羊肉.........2.5千克	兴义香酱.........20克	姜块.............30克
羊血旺..........10克	味精...........0.5克	盐.............50克
酸萝卜丁.........10克	花椒粉...........1克	料酒.........100毫升
香菜段...........5克	酱油.............2克	

制作方法

1. 把羊骨砍断下入汤锅中，注入清水，烧沸后撇去浮沫，用小火熬至乳白色为佳；将羊肉投入汤锅中，加入香料包、姜块、盐、料酒，炖至羊肉熟透，捞出冷却后切成薄片；羊血旺切成小薄片，入沸水锅中氽水，捞出用清水浸泡。

2. 宽水锅烧沸，把兴义米粉放入专用烫粉的竹笊内，烫约30秒钟，控水，装入粉碗内，将熟羊肉片、羊血旺入烫粉锅内略烫一下，控水，装入粉碗内的米粉上，舀入羊肉汤，加兴义香酱、酸萝卜丁、煳辣椒面、盐、味精、花椒粉、酱油、葱花、香菜段即成。

用料

黑山羊带皮羊肉..500克	蒜苗段..........10克	时令蔬菜.......500克
羊内脏（肚、肠）..400克	葱花............3克	酱油.............8克
羊脑............1对	香菜段...........3克	盐.............12克
羊蹄...........300克	八角、草果、山奈.....	味精.............1克
羊肉圆子.......300克	各5克	花椒粉...........2克
姜块..........100克	兴义香酱.......10克	料酒..........500克
酸萝卜粒.......10克	煳辣椒面.......30克	羊油...........50克

制作方法

1. 将带皮羊肉分成几大块，用清水洗净；羊内脏、羊蹄分别治净，放入冷水锅中，加料酒烧沸余水，捞出用清水冲净；羊蹄斩成块状；羊脑择去表面的血丝，洗净后放入沸水锅中，加料酒煮至熟透，捞出用清水冲凉，控水，装入盘内。

2. 将羊肉块、羊内脏、羊蹄块一起放入大砂锅内，注入清水，加八角、草果、山奈、姜块、料酒、盐，烧沸撇去浮沫，用小火慢炖至熟透，离火捞出晾凉。熟羊肉切成大片，羊内脏切成条，分别装入盘内，熟羊蹄块装入盘内。

3. 按人数取出小碗，分别放入煳辣椒面、兴义香酱、酱油、盐、味精、花椒粉、酸萝卜粒、葱花、香菜段制成风味煳辣蘸水。

4. 上桌时，取一口砂锅，舀入热原汤，淋入羊油，撒入蒜苗段，同时配上熟羊肉片、熟羊内脏条、熟羊蹄块、熟羊脑、羊肉圆子、煳辣蘸水、时令蔬菜或其他配菜，开火煮食即成。

火锅。色泽清爽，肉质细嫩，汤鲜味美，原汁原味，滋补养人，冬季佳肴。

酱香羊火锅

望着熟悉的面孔
我的心儿在飞翔
你从清水江走来
西江传说郭茂江

九黎十八寨故事
诉说诱人餐桌上
吊脚楼前漫歌舞
文化魅力飘黔香

十六岁出门学徒
经历了艰苦风霜
餐饮集团的总厨
书写你人生辉煌

抓培训这条主线
让黔菜一路闪光
大师荣誉作起点
黔菜事业日方长

郭茂江，1988 年出生于贵州省黔东南侗族苗族自治州凯里市郭家坪村。他是中式高级烹调师、国家高级营养师、中国烹饪大师、贵州名厨、黔菜传承人、黔菜之星、中国黔菜文化传播使者、黔菜书院讲师团高级讲师。

郭茂江 16 岁时独自外出求学，从学徒一直做到行政总厨，稳扎稳打。曾在凯里、贵阳等高人气酒店担任主厨，现任西江传说餐饮集团董事、行政总厨，是西江传说十几家连锁店厨房运营及研发中心的负责人。

郭茂江从厨 14 年来，积累了丰富的经验，积极钻研烹饪理论知识，精进专业技术，不断地创新，用匠心推出正宗、绿色、健康的黔菜。他是《黔菜味道》核心创作人，并担任《贵州风味家常菜》《贵州名菜》编委。

郭茂江总厨工作中留影

郭茂江带领团队与前来西江传说授课的张乃恒、吴茂钊两位老师合影

西江传说 郭茂江

传说血浆鸭

火锅。色泽棕黑，肉质细嫩，味美醇香，香辣适口，风味独特。

用料

土鸭................ ......1只（约2千克）	干辣椒..........15克 鲜花椒..........10克	酱油............20克 料酒............15克
姜片..........20克	盐............6克	酸菜水..........30克
蒜瓣..........30克	味精............3克	鲜汤..........200克
青椒..........100克	鸡精............5克	食用油............
小葱段..........15克	胡椒粉..........5克	...2千克（约耗50克）

制作方法

1. 把土鸭宰杀放血，将血倒入提前准备好的盛有酸菜水的碗内，搅拌一会儿即可，这样鸭血不会凝固成块。然后把杀好的鸭子治净，斩成小块，放入盛器内，加料酒、盐码味片刻；青椒洗净，切成滚刀块。

2. 炒锅置旺火上，放入适量的食用油烧至七成热，下入鸭块爆至水分略干，待鸭块变色时，捞出滤油。炒锅内放入少许油烧热，下入干辣椒、鲜花椒、姜片、蒜瓣炒出香味，再下入爆好的鸭块略翻炒，掺入适量的鲜汤，加料酒、盐、酱油，用小火慢烧至入味且熟软，再用旺火将汤汁收干，接着放入鸭血迅速翻炒至均匀地沾在鸭块上，最后加青椒块、味精、鸡精、胡椒粉翻炒均匀，起锅装入砂锅内，撒上小葱段，上桌开火食用。

部落生煎鸡

热菜。色泽酱红，口感筋道，香味扑鼻，回味无穷。

制作方法

1. 把土仔鸡宰杀，去内脏后洗净，斩成大块状，放入盆内，加姜片、香葱结，放盐、卤酱料、料酒腌制入味。

2. 选用无柄铁煎锅，放入姜片均匀地铺好，将腌制好的鸡块择去姜葱，依次铺入鸡块（鸡皮朝下），淋入鸡油烧热，倒入山泉水烧沸，用小火加盖慢慢焖至熟透，开盖用大火将汤汁收干，鸡皮呈现棕红色。将锅内多余的油滗去，把鸡块翻转（鸡皮朝上），离火撒入香菜段，将铁锅放置在竹编锅垫上即成。

用料

土仔鸡......... 1只（约1200克）

姜片...... 50克

香葱结..... 25克

香菜段... 3克

盐...... 5克

卤酱料.... 50克

料酒...... 30克

鸡油...... 30克

黔牛气冲天

热菜。色泽棕黑，质地酥嫩，卤汁浓厚，香糯不粘，风味独特。

制作方法

1. 把半头黄牛头用燎火烧去毛，放入温水中浸泡片刻，刷洗干净。将牛头放入冷水锅中，加料酒余水，捞出用清水冲净，控水，投入五香老卤水锅中烧沸后，用小火卤煮3小时左右，关火浸泡片刻；生菜掰开，洗净。

2. 将卤熟的牛头捞出沥干，剔一半肉，切成块状，下入六成热的油锅中炸至表面干酥，捞出控油。把剩余的牛头带肉装入盘内摆放好，加生菜点缀，将炸好的牛头肉摆入盘内的牛头骨上，同时搭配辣椒酱、五香辣椒面上桌，将牛头肉包入生菜中蘸料食用。

用料

黄牛头...... 半头

生菜...... 500克

辣椒酱...... 50克

五香辣椒面. 50克

料酒...... 500克

五香老卤水...... 5千克

色拉油...... 适量

高山流水韵常在
凡人修富志未休
生活今日风霜至
唯有明天创辉煌

黔菜事业惠天下
提升就业传文化
黔菜技艺精良优
美厨美味有妙赞

生活不易需前行
万事之前先做人
诚信为本是原则
信誉集分好前程

李修富，仡佬族，1988 年出生于贵州省铜仁市石阡县甘溪乡坪望村卧水组。他是贵州名厨，黔菜传承人，黔菜之星，中国黔菜文化传播使者。

2008 年李修富进入贵州师范大学后勤集团，跟随中国烹饪大师吴昌贵老师学习烹饪技艺；2014 年在贵阳工业投资集团食堂担任厨师；2016 年跟随吴昌贵在贵阳天豪花园酒店工作；2017 年参与黔西南州兴仁市举办的中国薏仁米国际论坛，协助完成 500 位中外嘉宾的餐饮接待工作；2018 年担任遵义安居茶餐厅主厨，现任贵州省交通监理管理有限公司主厨。

李修富参与 2017 年中国薏仁米国际论坛接待工作时留影

仡佬名厨 李修富

安居金汤脚

热菜。色泽金黄，质地熟软，汤鲜味美，滋补养胃。

用料

牛脚...........1500 克	高良姜.........10 克	盐..............6 克
牛肉...........300 克	陈皮............15 克	胡椒粉..........2 克
牛筋...........300 克	枸杞.............5 克	白醋............5 克
牛骨.............1 根	香菜...........10 克	黄金汤料........50 克
生姜............50 克		

制作方法

1. 把牛脚去骨，将表皮用燎火去毛，烧至皮焦黄，浸泡刮净焦皮，清除污物，清洗后斩成块状，并将其放入清水中浸泡半天，中间换一次水，泡尽血水，洗净；牛肉、牛筋分别洗净，切成小块；生姜洗净，拍成块状；香菜洗净，切成小段；枸杞用清水浸泡片刻。

2. 炒锅置旺火上，注入清水烧沸，分别下入牛脚块、牛肉块、牛筋块、牛骨，淋入白醋，余水除尽腥味，捞出用清水冲净，控水后将牛脚块、牛骨装入高压锅内，注入清水，加姜块、陈皮、高良姜、黄金汤料，盖上盖，置火上压至冒气，转小火计时 15 分钟，端离火口用清水冲凉，开盖再放入牛肉块、牛筋块，加盐、胡椒粉，盖上盖，继续压至冒气 10 分钟，离火自然晾凉，开盖后舀入已预热的石锅内，撒入香菜段、枸杞即成。

黔茶飘香虾

热菜。色泽亮丽，质地脆嫩，茶香浓郁，味道爽口。

用料

鲜活基围虾 ...... 250 克	葱花............. 3 克	盐............. 2 克
绿茶............. 15 克	薄荷............. 2 克	料酒............ 10 克
熟白芝麻.......... 2 克	干淀粉........... 10 克	香油............. 2 克
姜片............. 5 克	干辣椒.......... 20 克	色拉油............适量
香葱段.......... 8 克		

制作方法

1. 用刀在基围虾虾头处切去虾针，并在虾背处破开一刀，择去黑色的虾线，清洗干净，放入盛器内，加盐、料酒、姜片、香葱段拌匀腌制 10 分钟；将绿茶用 80℃的热水冲至泡开；干辣椒洗净，切成粗丝。

2. 炒锅置旺火上，放入色拉油烧至六成热，将腌制好的虾拍上干淀粉，下入油锅中炸至表面酥脆，捞出。锅内的油烧至八成熟，将泡好的绿茶滗去水分，下入油锅中炸至酥脆，捞出控油。锅内留底油，炝香干辣椒丝，投入炸好的虾及茶叶，加盐翻炒均匀，下入葱花，淋入香油，起锅装入盘内，撒入熟白芝麻、薄荷即成。

万物竞绿蓝莓香
诗意田园清江涛
麻江美食何处寻
黄牛王店潘万桥
从小立志厨师梦
拜入师门龙凯江
增强厨艺有妙招
制作菜品如图画
彩色搭配有精巧
杂工荷台从厨道
排骨围香蛋如碧
酸汤牛肉做全套
岁月如梭成厨梦
做厨人生自己描
麻江药谷菊正黄
举杯敬祝黔香飘

潘万桥，苗族，1988 年出生于贵州省黔东南苗族侗族自治州凯里市万潮镇荷花村。他是贵州名厨，黔菜传承人，黔菜之星，中国黔菜文化传播使者，麻江厨神榜眼。

潘万桥 2006 年从事厨房工作，开始苦练厨艺。2008 年跟随中国烹饪大师、实力派贵州民族菜大师、酸汤王子龙凯江学艺，先后在凯里从江宾馆、富源酒店、腾龙酒店、万豪酒店任厨师和厨师长。

潘万桥 2015 年创业，在麻江县创办黄牛王酒楼。2016 年参加"状元故里·蓝莓麻江"第二届夏同龢法政思想研究讲坛暨民族文化节少数民族厨神大赛，荣获宴席类榜眼。2018 年创办具有本地风格特色的小郡肝串串香，并担任《黔菜味道》《贵州名菜》编委。

潘万桥荣获麻江厨神榜眼

潘万桥拜师时与师父龙凯江和众师兄弟合影

《中国黔菜大典》编委会寻味黔菜麻江行在黄牛王采风留影

麻江榜眼 潘万桥

苗家带皮牛

热菜。汤汁鲜红，质地软烂，酸香适口，爽弹开胃，增进食欲。

用料

带皮牛肉	600克	鲜山奈	6克	鸡精	2克
西蓝花	880克	鲜花椒	50克	料酒	15克
姜片	8克	木姜子	10克	红酸汤酱	50克
蒜片	5克	盐	4克	白米酸汤	1千克
香葱段	8克	味精	1克		

制作方法

1. 将带皮牛肉表皮用燎火去毛，用温水浸泡片刻，刮洗干净；将牛肉放入沸水锅中加料酒余水，捞出用清水冲净，控水，切成方块形状。

2. 取一炖锅置火上，注入白米酸汤，加姜片、蒜片、鲜山奈、香葱段、料酒烧沸后，投入牛肉块，用小火炖至熟软；西蓝花洗净，切成小块，用沸水焯水，捞出冲凉，控水。

3. 炒锅置旺火上，倒入白米酸汤，调入红酸汤酱，投入熟牛肉块，加盐、味精、鸡精、鲜花椒、木姜子烧至入味，起锅装入数个汤盅内，放入熟西蓝花点缀即成。

侗家古腌肉

热菜。色泽红亮，质地熟嫩，咸鲜味浓，爽口畅心，侗家风味。

制作方法

1. 选用黔东南地区农家制作的带有辣椒的腌肉，切成小丁；红小米椒洗净，切成颗粒状。
2. 炒锅置旺火上，放入色拉油烧至温热，下入姜片、蒜片、腌肉丁煸炒出香味后，加红小米椒粒、玉米粒、青豆翻炒均匀，起锅装入盘内即成。

用料

腌肉......350 克
玉米粒、青豆....
........各 50 克
红小米椒...30 克
姜片.......3 克
蒜片.......5 克
色拉油.....适量

酒鬼香泥鳅

热菜。色泽棕黄，质地酥脆，鲜美味麻，佐酒佳肴。

制作方法

1. 把泥鳅放入带盖容器中加盐腌制，待其不跳动后，方可剖开腹部，掏空内脏，洗净后，放入盛器内，加姜片、蒜片、香葱段、料酒拌匀腌制 10 分钟；干辣椒切成粗丝。
2. 炒锅置旺火上，放入色拉油烧至六成热，下入腌制好的泥鳅慢火炸至酥脆，捞出控油；锅内留底油烧热，炝香干辣椒丝，下入鲜花椒炒至出香味，投入炸好的泥鳅，加白糖、鲜露翻炒均匀，撒入酒鬼花生、鱼香菜，淋入藤椒油炒匀，起锅装入盘内即成。

用料

泥鳅......300 克
酒鬼花生...50 克
姜片.......5 克
蒜片.......8 克
香葱段.....8 克
鱼香菜.....5 克
干辣椒.....15 克
鲜花椒.....30 克
盐.........10 克
白糖.......1 克

鲜露.......3 克
藤椒油.....3 克
料酒.......20 克
色拉油.....适量

成都卫校学医护
心中秘密又点燃
转行深学改厨艺
面点教师周定欢
酷爱美食学烹饪
为学面点入酒店
来自惠水布依人
花样面点富内涵
闪亮活现面金鱼
天鹅集会想蓝天
糯米双糕充喜气
紫色薯饼惊亮眼
东方烹院任教师
用心执教情意绵
身居黔地望九州
一片桃李天地宽

周定欢，布依族，1989年出生于贵州省黔南布依族苗族自治州惠水县。她是中式面点技师，贵州名厨，黔菜传承人，黔菜之星，中国黔菜文化传播使者，黔菜书院讲师团高级讲师，音恋无声爱五色面食孵化中心技术总监。

周定欢毕业于成都市卫生学校，在医院工作了两年。由于酷爱美食和烹饪，2009年从护士转行入厨，学习面点。她先后担任四川省绵阳市维尼斯酒店面点师傅、遵义正安县锦宏酒店面点主管、贵阳市格兰云天国际酒店面点主管。她参与黔西南州兴仁国际薏仁米博览会大型会议餐主理面点工作，受到各方好评。她还是《黔菜味道》核心创作人，并担任《贵州名菜》执行副主编。

周定欢现任贵阳新东方烹饪学院面点教师，主攻中式面点，擅长花式面点，讲授面点原料知识、面点工艺、花式面点及面点创新等专业知识，演示与实操并重，系统教授学生炸、煮、煎、烤等各类面点技法。

周定欢老师教授学生面点实操

周定欢老师给学生讲解面点制作要领

多彩芳华

周定欢

七彩美年糕

点心。色彩鲜艳，质地软糯，口感香甜，层次分明。

用料

糯米粉.........1千克	七彩麦片.........30克	椰浆.........400毫升
澄面.........220克	杧果汁.........80毫升	清水.........500毫升
白糖.........400克	牛奶.........150毫升	

制作方法

1. 取一个盛器，分别放入糯米粉、澄面、白糖、牛奶、椰浆、清水拌匀。然后分成三份：一份倒入托盘中，放入蒸柜内蒸15分钟成白糕状，取出；另一份加入杧果汁拌匀，浇淋在托盘内的熟糕上，再放入蒸柜内蒸15分钟成第二层糕状，取出；最后一份浇淋在托盘内的第二层熟糕上，放入蒸柜内蒸20分钟成第三层糕状，取出。

2. 将年糕冷却后放入冰箱内冷藏1小时，取出切成正方块状，裹上七彩麦片，装入盘内即成。

金沙白玉果

点心。色泽金黄,外脆内滑,香甜软糯。

用料

糯米粉.........400 克	椰浆.........400 毫升	熟猪油.........50 克
南瓜.........350 克	炼乳.........50 克	牛奶.........400 毫升
面包糠.........100 克	鹰粟粉.........50 克	清水.........130 毫升
鱼胶粉.........35 克	白糖.........150 克	色拉油.........适量

制作方法

1. 把南瓜去皮,洗净后切成小块状,放入蒸锅内蒸至熟软,取出晾凉,捣成泥状,放入盆内,加白糖 100 克、清水 30 毫升拌匀至白糖化开,再放入糯米粉、熟猪油搅拌均匀,制成软硬适中的南瓜面团皮料;将鹰粟粉中加入 100 毫升清水,搅拌均匀调成浆汁。

2. 取一个奶锅,分别放入牛奶、椰浆、炼乳、鱼胶粉、白糖,用小火熬开,再放入鹰粟粉浆汁搅拌均匀,起锅倒入托盘中冷却,放入冰箱内冷冻 1 小时,取出切成小块状制成奶馅。

3. 将南瓜面团分成每个 70 克的剂子,包入奶馅,封口要收好,避免漏馅,搓成圆球状,裹上面包糠,下入七成热的油温中炸至金黄色,捞出控油,装入盘内即成。

大明后史故事多
十里长堤荷花新
人杰地灵后辈出
至爱厨艺刘纯金
智勇大师一爱徒
烹饪行业起新军
干爱专上下功夫
薏仁宴品渗灵魂
凉菜制作为主厨
引人入胜谱诗韵
双鹤相亲令人喜
金龙戏凤直霄云
献给人间全是美
胸怀一颗厨艺心
研发赛事收获满
追味黔菜情意深

刘纯金，1989 年出生于贵州省黔西南州安龙县。他是贵州名厨，黔菜传承人，黔菜之星，中国黔菜文化传播使者。

刘纯金师从中国烹饪大师、中国食文化传播使者、中国黔菜传承导师、黔菜少帅张智勇先生；2005 年在厨房当学徒；2008 年起先后在兴义森林宾馆、浙江温州美乐酒楼、兴仁聚福大酒店、望谟县闽黔食府、义龙新区湖景酒店任凉菜主厨、厨师长等职位。工作时，他一直秉承"干一行、爱一行、专一行"的原则。

刘纯金 2006 年参加桂林市第三届烹饪技能大赛获第二名；参加第一届薏仁米节烹饪大赛获第三名；在贞丰端午节暨第四届李子节上他代表凯越酒店制作桃李宴获第一名；参与中国薏仁宴的研发与制作；参加"多彩贵州·大美黔菜"展示品鉴推广活动中国薏仁宴的研发制作。他的部分作品入编《黔西南风味菜》《金州味道》，他本人担任《贵州风味家常菜》《黔西南风味菜》《黔菜味道》《贵州名菜》《金州味道》编委。

黔西南州餐饮协会王文军会长、张智勇常务会长兼秘书长为刘纯金等金奖选手颁奖

刘纯金参与中国薏仁宴研发制作时留影

刘纯金在拜师宴上与众师兄弟合影

薏仁宴品

刘纯金

蟹味鲍鱼煲

热菜。色泽鲜艳，质地细嫩，咸鲜略辣，海味浓郁。

用料

鲜活鲍鱼............15只（约1千克）	蒜末............8克	胡椒粉............1克
地瓜粉丝........250克	鲜花椒............10克	美极鲜............5克
熟蟹黄........100克	盐............2克	鲍鱼芡汁........10克
青线椒........50克	味精............1克	料酒............10克
小尖红椒........30克	鸡精............2克	葱油............30克
红葱头........30克	姜片............5克	高汤............800克
姜末............5克	白糖............2克	色拉油............适量
	香葱段............8克	

制作方法

1. 将鲍鱼肉从外壳中取出，鲍鱼肉和鲍鱼壳分别治净。将鲍鱼肉剞上十字花刀，放入盛器内，加姜片、香葱段、盐、料酒腌制片刻；地瓜粉丝用热高汤浸泡至透心；青线椒、小尖红椒分别洗净，切成颗粒状；红葱头洗净，切成块状。

2. 将煲仔提前预热，取出，放入鲍鱼壳垫底，加入红葱头块，淋入葱油；把腌制好的鲍鱼肉放入高汤锅中烧至熟透，离火浸泡片刻。

3. 炒锅置旺火上，放入色拉油烧热，爆香姜末、蒜末，下入青线椒粒、小尖红椒粒、鲜花椒炒至出香味；放入熟蟹黄炒至散开，投入泡好的地瓜粉丝，加盐、味精、鸡精、白糖、胡椒粉、美极鲜翻炒均匀，起锅装入已预热好的煲仔内；将熟鲍鱼放置于粉丝周围，浇淋鲍鱼芡汁即成。

仙翁薏彩冻

拼盘。色彩鲜艳，质地细腻，味型多样，入口即化，寓意吉祥。

用料

小白壳薏仁米 .... 500 克	鸡蛋............. 10 个	紫甘蓝......... 500 克
猪皮冻......... 2 千克	菠菜............. 500 克	黄瓜............ 50 克
猪肉末......... 150 克	南瓜............. 500 克	盐................. 8 克
竹荪........... 50 克	胡萝卜......... 500 克	白糖............ 10 克

制作方法

1. 把小白壳薏仁米用温水浸泡至透，放入蒸锅内蒸至熟透；将菠菜、南瓜、胡萝卜、紫甘蓝分别洗净，打成各色的蔬菜汁；猪肉末放入盐搅拌均匀，灌入泡好的竹荪内，放入锅内蒸熟，猪皮冻切成细粒状。

2. 将各种不同的蔬菜汁分别放入锅中，下入熟薏仁米、猪皮冻粒烧沸，加盐、白糖调味，用小火熬成皮冻，装入盛器内，再移进冰箱内冷藏成型；将鸡蛋的蛋黄、蛋清分开，分别蒸制成糕状。

3. 将黄瓜削成仙鹤头颈，再将蛋白糕做成仙鹤的羽毛形状，层层拼摆上去，蛋黄糕做成仙鹤腿部和尾巴，将各色皮冻片拼摆在仙鹤下方，摆成假山形状，熟竹荪切成片状摆入假山旁点缀即成。

黔州边城话道真
仡佬民族文史深
小猪农场樊小均
继承黔菜有后人

十五年的厨艺路
刻苦钻研勇前进
全家福里做厨工
民心苑中悟厨心

多地学习采众长
厨师长路多艰辛
古诗配菜有深意
菜品文化耳目新

小猪农场厨师长
创新黔菜受好评
遵义八里举大旗
愿以美食觅知音

樊小均，1989 年出生于贵州省遵义市道真仡佬族苗族自治县隆兴镇前进村聚宝场组。他是贵州名厨，黔菜传承人，黔菜之星，中国黔菜文化传播使者。

樊小均 2005 年入厨，先后在全家福酒楼、红楼酒店、好美特酒店、豪丽楼酒楼、民心苑酒楼、黔锦假日酒店学习厨艺；2009 年起先后在贵州贵阳、六盘水、毕节及广东等地做主厨及管理工作；2010 年起先后在黔东南鸿森花园酒店、雅茜石锅鱼酒楼、923 餐吧、上苑满锦楼任厨师长，在鱼宫酒楼任行政总厨，在仁怀市时代食府任黔菜厨师长，在贵州小猪农场餐饮管理公司遵义小猪农场任厨师长，现任贵阳北站凯里酸汤鱼贵州土菜厨师长。

樊小均擅长黔菜、私房菜，对川菜、湘菜、粤菜也较为熟悉，创作的锦绣鹏程、嘎嘎小黄牛、杨梅冬瓜球等菜品得到食客的一致好评。

工作闲暇时的樊小均

品学兼优 樊小均

百年好合包

热菜。造型美观，质地脆嫩，咸鲜味美，食材多样，清淡爽口，营养丰富。

用料

海虾仁、木瓜、西芹、鲜
百合、豌豆嫩荚.......
.... 各50克
猪五花肉........ 200克
日本豆腐........ 5条
鸡蛋............. 5个

苦瓜........... 100克
荸荠........... 50克
香菜........... 30克
胡萝卜........ 30克
盐............ 5克
白糖........... 3克

鸡粉........... 5克
胡椒粉........ 2克
水淀粉........ 50克
香油........... 2克
色拉油........ 8克

制作方法

1. 把猪五花肉切成粒，胡萝卜、荸荠分别去皮，洗净后切成细粒状；日本豆腐撕去外膜，切成细粒状；木瓜去皮，切成菱形块；西芹、豌豆嫩荚撕去筋线，洗净后切成斜刀段；海虾仁去虾线，洗净后切成大丁状；鲜百合瓣开，洗净；苦瓜洗净，用直刀法切成0.5厘米的大圆片，掏去内籽；香菜去叶留杆，洗净后与苦瓜圈分别放入沸水锅中加色拉油焯水，捞出；将苦瓜圈摆入盘内，待用。

2. 鸡蛋磕入盛器内，加盐、水淀粉搅打均匀成蛋液，下入煎锅中摊成10张蛋皮。

3. 炒锅置中火上，放入少许油烧热，下入五花肉粒煸炒至出油，再放入马蹄粒、胡萝卜粒、日本豆腐粒，加盐、白糖、鸡粉、胡椒粉炒至断生，淋入香油，起锅装入盛器内制成馅料；逐张将蛋皮铺开，把熟馅料放在蛋皮上，捏拢收口呈荷包状，用香菜杆扎紧，入笼用大火蒸3分钟，取出，逐个摆入盘内的苦瓜圈上。

4. 炒锅倒入清水烧沸，将海虾仁丁、木瓜块、西芹段、鲜百合片、豌豆嫩荚段一起下入沸水锅中，加盐、色拉油焯至断生，捞出控水；锅内放入油烧热，投入刚才焯熟的食材，加盐、鸡粉、胡椒粉翻炒均匀，起锅装入盘中间即成。

贵州酱肉卷

热菜。色泽金黄，质地酥嫩，酱香浓郁，造型新颖。

用料

猪里脊	300 克	蛋清	2 个	白糖	10 克
大葱	2 根	淀粉	50 克	老抽	3 克
蛋皮	400 克	甜面酱	30 克	蚝油	15 克
金黄面包糠	500 克	盐	1 克	料酒	5 克
香菜	50 克	水淀粉	5 克	色拉油	适量
鸡蛋	2 个				

制作方法

1. 把猪里脊洗净，切成二粗丝，放入盛器内，加盐、料酒、蛋清搅拌，再放入少许淀粉拌匀，码味上浆；大葱洗净，切成三寸长的段，每段切去葱绿部分，葱白切成二粗丝；香菜洗净，切成与葱白同等的长度。

2. 炒锅置旺火上，放入色拉油烧至四成热，下入码好味的肉丝，滑炒至色白断生，捞出滗油；锅内放入少许油，低温下入蚝油、甜面酱、白糖、老抽煸炒匀，投入滑熟的肉丝，用大火快速翻炒均匀，起锅装入盛器内。

3. 将蛋皮逐一平铺在案板或者平盘上，分别加入香菜段、葱白丝、酱肉丝，卷起；在封口处抹上少许水淀粉粘合，拍上淀粉，鸡蛋磕入碗中，打匀成蛋液，将卷好的蛋皮挂上鸡蛋液，裹上金黄面包糠，下入六成热的油锅中，浸炸至表面酥脆，捞出，放在吸油纸上将油吸干，然后切成斜刀段，摆放于盘内即成。

织金美食有演艺
古城美食多如许
勿论太保丁宝桢
且说厨师廖浩宇
酷爱美食学烹饪
入城打工学厨艺
善学勤练不畏苦
深研黔菜有情趣
黄瓜脆片卷肉香
金色肉条芦笋绿
金鱼仰望欲跳水
香嫩肉丸红椒续
多家酒店厨师长
菜品登报人惊喜
应聘东方任教师
为人低调情不俗

廖浩宇，1991年出生于贵州省毕节市织金县城关镇新华西路。他是贵州名厨，黔菜传承人，黔菜之星，中国黔菜文化传播使者。

廖浩宇受到家人影响爱好美食，他由舅舅带入贵阳入厨，长期在贵阳及周边地区的酒楼从事厨师工作，并担任多家酒楼的厨师长职位，擅长厨房运营管理、菜品研发工作，重视团队精神，坚持一线工作。

廖浩宇为人低调，勤奋努力，经常向各位老师请教和学习，研发制作的黔菜作品曾发表在《贵州都市报》上。

廖浩宇2015年进入贵阳新东方烹饪学院担任外聘实操教师，2018年起进入贵阳新东方烹饪学院任全职烹饪老师，从事黔菜研发和技能培训工作。

廖浩宇与中国烹饪协会
会长姜俊贤合影

廖浩宇为学生授课

廖浩宇在研制新品

深耕厨艺 廖浩宇

茶香焗鲜鲍

热菜。色泽亮丽，质地
细嫩，咸鲜略辣，茶香
浓郁。

用料

鲜活鲍鱼........500克	薄荷叶............3克	美极鲜............5克
绿茶.............30克	鸡精.............3克	蚝油............10克
红葱头...........50克	味精.............1克	沙茶酱............8克
小尖青椒........15克	白糖.............3克	料酒............15克
小尖红椒........15克	生抽.............3克	葱油............10克
姜末............15克	姜片.............2克	香葱段............5克
蒜末............20克	辣鲜露...........5克	色拉油..........适量
葱花.............3克		

制作方法

1. 把绿茶提前用开水泡开，挤干水分，下入三成热的油锅中炸至酥脆，捞出控油；将姜末、蒜末下入三成热的油锅中炸至金黄色，捞出控油，备用。

2. 将鲍鱼肉和鲍鱼壳分离，治净；将鲍鱼肉剞上十字花刀，放入盛器内，加料酒腌制片刻；小尖青椒、小尖红椒分别洗净，切成颗粒状；红葱头洗净，切成块状。

3. 将煲仔提前预热，取出，放入鲍鱼壳垫底，加入红葱头块，淋入葱油。

4. 炒锅倒入清水，加姜片、香葱段、料酒、冷水，下入鲍鱼肉氽至断生，捞出用清水冲凉，控水。锅内放入油烧至四成热，下入鲍鱼肉爆至皮紧，捞出控油；锅内留底油，下入小尖青椒粒、小尖红椒粒爆香，放入沙茶酱、蚝油炒至出香味，投入爆好的鲍鱼肉，加炸过的姜末、蒜末，放入鸡精、味精、白糖、生抽、辣鲜露、美极鲜翻炒均匀，撒入酥茶叶炒匀，起锅装入已预热好的煲仔内，撒入葱花、薄荷叶即成。

酸汤多菌宝

热菜。色泽红亮，质地鲜嫩，酸汤浓郁，食材清香。

制作方法

1. 把猪肚菇、杏鲍菇、口蘑、白灵菇分别洗净，切成 0.5 厘米的厚片；水豆腐切成 5 厘米见方的块状。

2. 炒锅置旺火上，放入熟猪油烧热，爆香姜片，下入凯里红酸汤酱熬制出香味，掺入鲜汤；下入菌菇烧沸后，转小火煨煮至熟透；再放入水豆腐块，加盐、鸡精、胡椒粉煮至入味，起锅装入汤钵内，撒入葱花、薄荷叶即成。

用料

猪肚菇、杏鲍菇、口蘑、白灵菇.......各 50 克	凯里红酸汤酱.......100 克
水豆腐.... 250 克	盐......... 3 克
姜片....... 5 克	鸡精....... 2 克
葱花....... 3 克	胡椒粉..... 1 克
薄荷叶..... 3 克	鲜汤....... 800 克
	熟猪油.... 30 克

香麻响螺片

冷菜。色泽鲜艳，质地脆嫩，香麻味美，冷吃爽口。

制作方法

1. 把响海螺洗净，用平刀法片成长片；小尖青椒、小尖红椒分别去蒂，洗净后切成颗粒状。

2. 取一个盛器，分别加入姜末、蒜末、鲜花椒、小尖青椒粒、小尖红椒粒、盐、白糖、胡椒粉、鲜露、辣鲜露，加 80 克纯净水搅拌均匀；再放入藤椒油、红油调匀成香麻味汁，待用。

3. 炒锅置旺火上，倒入清水烧沸，加料酒，投入响海螺片余水，捞出放入凉水中急速冷却，控水，装入容器内，浇淋香麻味汁，撒入薄荷叶即成。

用料

响海螺.... 150 克	鲜露....... 5 克
小尖青椒... 8 克	辣鲜露..... 5 克
小尖红椒... 8 克	料酒...... 15 克
蒜末....... 3 克	藤椒油..... 3 克
姜末....... 3 克	红油...... 10 克
薄荷叶..... 3 克	
鲜花椒..... 5 克	
盐......... 1 克	
白糖....... 2 克	
胡椒粉..... 1 克	

　　吴起鹏，1991 年出生于贵州省毕节市纳雍县城，现随父亲经营吴二大排档。他是贵州名厨，黔菜传承人，黔菜之星，中国黔菜文化传播使者。

　　1999 年吴起鹏的父亲吴元芳在纳雍县城小十字创立吴二大排档，研发出药膳鸽子、黄焖牛肉、卤菜系列菜品以及各类炒饭，深受顾客好评，是当地家喻户晓的名小吃。2008 年吴二大排档荣获毕节名小吃称号，2011 年吴二大排档被评为毕节百佳个体工商户，2017 年寻味黔菜考察宣传组到吴二大排档考察。

　　吴二大排档坚持巩固老菜品、研发新菜品，广受新老顾客的好评。年轻的吴起鹏在父亲的指导下，继承传统，开拓创新，逐步将菜品、服务和环境与地方饮食文化结合，为黔菜发展奉献新力量。他还担任《黔菜味道》《贵州名菜》编委。

吴二大排档创始人吴元芳先生

爱学习的吴起鹏

吴起鹏在父亲创办的吴二大排档上新推出纳米茶香鸭

吴二排档 吴起鹏

砂锅焖牛腩

热菜。色泽棕红，质地熟软，香辣味美，地方风味。

用料

肥黄牛牛腩	500克	糍粑辣椒	50克	鸡精	3克
纳雍酸菜	100克	豆瓣酱	25克	胡椒粉	5克
青线椒	30克	干花椒	3克	料酒	30克
红线椒	30克	鲜花椒	10克	红油	15克
姜块	25克	香辛料	10克	鲜汤	800克
鱼香菜	5克	盐	2克	色拉油	适量

制作方法

1. 选用当地肥黄牛牛腩，洗净，切成小块，放入沸水锅中余尽血水，捞出用清水冲净，控水；青线椒、红线椒分别洗净，切成小段；纳雍酸菜洗净，切成小块。

2. 炒锅置旺火上，放入色拉油烧热，下入姜块、香辛料、干花椒、糍粑辣椒、豆瓣酱炒至出香味，投入牛腩炒干水分至出香味，烹入料酒，掺入鲜汤，加盐、鸡精、胡椒粉调好味，倒入高压锅内，盖上盖，置火上压至冒气，计时15分钟后，端离火口用清水冲凉。

3. 炒锅放入油烧热，爆香鲜花椒，下入青线椒段、红线椒段、纳雍酸菜块炒至出香味，投入熟牛腩炒匀，淋入红油，起锅装入已烧热的砂锅内，撒入鱼香菜即成。

药膳汽锅鸽

蒸菜。色泽淡黄，质地熟软，汤鲜味美，香而不腻。

用料

乳鸽................
......1只（约600克）
大枣............2颗
党参...........10克

枸杞...........3克
沙参...........10克
白芷............5克
干山药...........5克

姜片.............8克
盐...............4克
胡椒粉..........1克
熟鸡油.........10克

制作方法

1. 把乳鸽宰杀治净，放入沸水锅中余水去腥，捞出用清水冲净，控水；将大枣、党参、沙参、白芷、干山药混合，用清水浸泡15分钟，并洗去表面的灰尘。

2. 将净乳鸽投入汽锅盛器内，不掺水，放入姜片、大枣、党参、枸杞、沙参、白芷、干山药，把汽锅放置在特制水锅上的蒸格内，通过汽锅内中间冒出的蒸汽，蒸6小时形成"蒸馏水"；汤汁快溢满时，调入盐、胡椒粉，放入枸杞，淋入熟鸡油即成。

药食同源话薏米
养生菜品再开发
少帅智勇门徒众
薏米大厨陈宇达

薏宴开发成主将
配制美食传佳话
多彩菜品诉长寿
国际友人赞赏他

银鹤寻味报平安
凤鸡展翼魅力加
薏仁飘香出莲藕
牛肉鲜香配锅巴

薏仁米节一等奖
中国名菜奖牌挂
薏仁黔菜成新宠
黔菜路上大步跨

陈宇达，1991 年出生于贵州省六盘水市盘州市两河乡亮山村。他是贵州名厨，黔菜传承人，黔菜之星，中国黔菜文化传播使者。

陈宇达师从中国烹饪大师、中国食文化传播使者、中国黔菜传承导师、黔菜少帅张智勇先生。2008 年在兴义市森林宾馆入厨，先后在兴义财苑宾馆、巴结镇半岛酒店、桔园农庄、红叶农庄、兴仁县聚福大酒店、兴仁大酒店任厨师长。

2017 年陈宇达作为中国薏仁宴菜品研发核心成员、制作人员，参与薏仁国际产业论坛的接待工作。他的作品在兴仁县"中国薏仁米之乡首届中国薏仁米美食节"烹饪大赛中获一等奖，在黔西南州大美黔菜品鉴展示活动中获最受欢迎菜品，在首届国际山地美食节获最受欢迎菜品，在晴隆县举办的第三届晴隆羊暖冬季美食大赛获烤全羊银奖，他的作品入选《金州味道》《黔西南风味菜》《四川烹饪杂志》，他本人担任《贵州江湖菜》《贵州风味家常菜》《黔西南风味菜》《黔菜味道》《贵州名菜》编委。

陈宇达在拜师宴现场的与师兄弟一起制作的雕刻展台前留影

陈宇达在中国薏仁米美食节上获得一等奖

陈宇达拜张智勇为师时与嘉宾合影

煮薏生活 陈宇达

屯脚烧鲜鱼

热菜。色泽鲜艳，质地鲜嫩，椒香味麻，醇香爽口，香气扑鼻。

用料

鲜活鲤鱼............
.....1条（约1200克）
小白壳薏仁米...150克
猪肥瘦肉........50克
青线椒........100克
姜末............8克
葱花..........10克

鲜花椒..........15克
盐................5克
鸡精............2克
胡椒粉..........2克
白糖............3克
酱油............5克

薏仁米酒..........5克
山泉水........500克
水淀粉..........12克
藤椒油..........15克
色拉油............
...2千克（约耗50克）

制作方法

1. 把小白壳薏仁米用清水浸泡2小时，淘洗干净后，倒入清水，放入蒸锅内蒸至熟透，取出；猪肥瘦肉洗净后剁成肉末；青线椒洗净，切成颗粒状。

2. 用一双筷子从鳃部穿进鲜活鲤鱼肚内，夹住内脏绞转数圈，将内脏取出，直到掏干净为止，再刮净鱼鳞，清洗干净；把部分熟薏仁米放入盆中，放入肉末、姜末、葱花、盐、胡椒粉、白糖、酱油搅拌均匀制成馅料；将馅料从鱼鳃部灌入鱼肚内，用牙签封口，抹上薏仁米酒腌制10分钟。

3. 炒锅置旺火上，放入油烧至六成热，下入腌制好的鲤鱼炸至外金黄内熟，捞出控油；锅内留底油，爆香姜末，下入鲜花椒、青线椒粒、熟薏仁米炒香，倒入山泉水，投入炸好的鲤鱼，加盐、鸡精、白糖、酱油，用小火慢烧至入味，将鱼捞出装盘；锅内的汤汁用水淀粉勾芡，起锅浇淋在盘内的鱼上，撒上葱花。

4. 炒锅放入色拉油、藤椒油混合烧热，起锅浇淋在盘内的葱花上，炝香即成。

时尚蟹焖鸡

火锅。色泽棕红，质地软糯，麻辣鲜香，酒饭皆宜。

用料

三黄嫩公鸡......500 克	糍粑辣椒.......500 克	香料粉..........5 克
青蟹..4 只（约 600 克）	花椒...........10 克	料酒...........50 克
姜片...........30 克	盐............10 克	甜酒酿.........30 克
蒜头...........80 克	胡椒粉..........5 克	熟菜籽油........适量
香葱结.........10 克	花椒粉..........5 克	生粉...........12 克

制作方法

1. 将三黄嫩公鸡宰杀治净，砍成小块状，放入盛器内，加姜片、盐、胡椒粉、料酒拌匀码味；将青蟹宰杀治净，砍成块，放入盛器内，加姜片、香葱结、盐、料酒码味 10 分钟。

2. 炒锅置旺火上，放入熟菜籽油烧至七成热，下入码好味的鸡块，爆至出骨紧皮，捞出控油，锅内的油继续烧热，将码好味的青蟹拍上少许生粉，下入油锅中爆至断生，捞出控油。

3. 锅内放入油烧热，下入糍粑辣椒、花椒、蒜头炒至出香味，投入爆好的鸡块、青蟹块翻炒至棕红色，待熟透后，倒入甜酒酿，加盐、花椒粉及香料粉烧至入味，起锅装入火锅盆内即成。

在智勇拜师会前
我认识了熊远兵
他带古大师和我
参观他酒店门庭
朴实无华的面孔
尊老爱学的神情
看到九零后成长
怀后生可畏情萌
擅长制大菜硬菜
辣子鸡远近有名
多次大赛获金奖
一品鹅最受欢迎
做有思想的厨师
豪迈奔放铸魂灵
菜品选入名著作
黔菜发展排头兵

熊远兵，1992 年出生于贵州省兴义市敬南镇。他是贵州名厨，黔菜传承人，黔菜之星，中国黔菜文化传播使者。

熊远兵师从中国烹饪大师、中国食文化传播使者、中国黔菜传承导师、黔菜少帅张智勇先生。熊远兵2008 年在兴义宾馆学厨，2010 年在兴义兴昌酒楼担任副厨师长，2012 年到云南昆明及福建进修学习，2013 年在兴义王华餐厅担任厨师长，2015 年在兴义喜临门美食城担任厨师长，2016 年在万峰林大家发担任厨师长，2017 年创办熊大辣子鸡餐厅，2019 年创办熊家酒楼。

熊远兵精通黔菜，旁通川菜、湘菜，擅长制作各类烧腊、卤味、凉菜等。2017 年末首届"辣子鸡"大赛中熊大辣子鸡荣获金奖；首届国际山地美食节中熊大辣子鸡荣获"中国名菜"称号及金奖；"多彩贵州·大美黔菜"展示品鉴推广活动中熊氏一品鹅被评选为最受欢迎菜品；在第三届"晴隆羊"美食大赛中获羊肉制作金奖。他的部分作品入编《黔西南风味菜》《金州味道》，他本人担任《贵州江湖菜》《贵州风味家常菜》《黔菜味道》《贵州名菜》《黔西南风味菜》《金州味道》编委。

书画家赠送熊家酒楼、熊大辣子鸡总经理熊远兵先生书画

熊远兵制作的熊氏一品鹅在"多彩贵州·大美黔菜"展示品鉴活动中获奖

书法家现场题赠熊远兵"熊大辣子鸡"书法

辣鸡晶鹅

熊远兵

熊氏一品鹅

热菜。色泽亮丽，质地软糯，肉香味美，滋补佳肴。

用料

活灰鹅............. .....1只（约2500克）	干辣椒...........8克 花椒............3克	料酒...........50克 香油............5克
红枣...........20克	盐.............6克	水淀粉.........30克
枸杞...........10克	白糖...........5克	鲜汤..........250克
姜片...........15克	胡椒粉..........3克	五香白卤水......适量
香葱段.........10克	五香粉.........10克	

制作方法

1. 将活灰鹅宰杀治净，放入盛器内，加盐、干辣椒、花椒、姜片、香葱段、料酒、五香粉抹匀腌制30分钟；将红枣、枸杞分别用清水浸泡片刻。

2. 炒锅注入清水烧沸，下入腌制好的灰鹅余透，捞出用清水冲净；将灰鹅投入五香白卤水锅中卤至熟软，捞出控水，装入盘内摆放好。

3. 炒锅倒入鲜汤，下入泡好的红枣、枸杞，加盐、白糖、胡椒粉烧透并入味，用水淀粉勾二流薄芡收汁，淋入香油，起锅浇淋在盘内的卤鹅上即成。

制作方法

1. 选用本地土公鸡宰杀治净，砍成大块状，放入盛器内，加姜块、盐、胡椒粉、料酒拌匀码味。
2. 炒锅置旺火上，放入熟菜籽油烧热，下入鸡块煸炒至发白，加糍粑辣椒、花椒、蒜头炒至出香味，下入干豆豉煸炒至鸡肉熟透呈棕红色，倒入甜酒酿，加盐、花椒粉及香料粉烧至入味，起锅装入盆内即成。

用料

土公鸡......... 1只（约2500克）	盐......... 10克
干豆豉... 150克	胡椒粉..... 5克
姜块...... 100克	花椒粉..... 5克
蒜头...... 300克	香料粉..... 5克
糍粑辣椒.. 500克	料酒...... 50克
花椒...... 10克	甜酒酿.... 30克
	熟菜籽油....适量

制作方法

1. 把牛干巴表面洗净，放入冷水锅中煮去多余的盐分，捞出冲净；将熟牛干巴切成二粗丝；蒜苗洗净，切去蒜苗叶，留蒜苗白，切成马耳朵形状；干辣椒切成粗丝。
2. 炒锅置旺火上，放入色拉油烧至六成热，下入牛干巴丝爆至略干，控油；锅内留底油烧热，下入干辣椒丝、干红花椒、姜片、蒜片煸炒至出香味，投入炸好的牛干巴丝、鲜青花椒翻炒均匀，加味精、鸡精，下入酥黄豆、白芝麻，淋入藤椒油、红油炒匀，起锅装入盘内即成。

用料

牛干巴.... 300克	鲜青花椒... 10克
酥黄豆..... 80克	味精....... 1克
白芝麻..... 5克	鸡精....... 2克
姜片...... 3克	藤椒油..... 5克
蒜片...... 5克	红油...... 10克
蒜苗...... 15克	色拉油.....适量
干辣椒.... 15克	
干红花椒... 5克	

生于龙场借文气
江山代有才人出
兴义创业练厨艺
布依酒店有吴兴
白鲨酒楼初试厨
喜满楼里显烹功
布谷酒店施才干
黔菜美食扬民风
红绿青椒配黄虾
三丁肉香绿叶盈
藕片清脆营养好
油菜排骨味香浓
龙场悟道有启示
知行合一看行动
考察学习重管理
4D体系业求精

吴兴，1993 年出生于贵州省贵阳市修文县龙场镇。他是贵州名厨，黔菜传承人，黔菜之星，中国黔菜文化传播使者。

吴兴 2008 年在兴义市碧云路开餐厅，2009 年起先后在大白鲨、睿驰国际酒店、家缘酒店、海钰酒店、喜满楼任厨师、厨师长；2017 年进入布谷鸟民族酒店任厨师长；2018 年 2 月在贵阳、凯里考察，学习 4D 厨房管理技术。

吴兴在布谷鸟民族酒店前留影

风华正茂写

吴兴

孜香嫩牛肉

热菜。色泽诱人，外韧里绵，孜香味浓，佐酒佳肴。

用料

鲜牛肉..........400克	盐..............3克	料酒...........10克
熟白芝麻.........3克	白糖.............5克	藤椒油...........3克
姜片.............8克	孜然粉...........3克	香油.............1克
香葱段..........10克	五香粉...........4克	辣椒油..........10克
干辣椒..........50克	酱油.............5克	鲜汤...........150克
花椒...........10克	辣鲜露...........5克	色拉油..........适量

制作方法

1. 把鲜牛肉治净，切成一字条状，放入盛器内，加盐、五香粉、料酒、姜片、香葱段拌匀腌制片刻；干辣椒切成粗丝。

2. 炒锅置旺火上，放入油烧至五成热，将腌制好的牛肉条择去姜葱，下入油锅中炸至棕褐色，捞出控油；锅内留底油烧热，放入干辣椒丝、花椒炒香并变色，随后投入炸好的牛肉条，倒入鲜汤，加盐、白糖、五香粉、酱油、辣鲜露，用小火烧至入味，并调大火将水分收干，撒入孜然粉、熟白芝麻翻炒均匀，淋入藤椒油、香油、辣椒油，起锅装入盘内即成。

用料

猪腰．．．．．．．．．．．．．．．	蒜片．．．．．．．．．．．．10克	白糖．．．．．．．．．．．．．5克
．．．．．．1对（约600克）	鲜花椒．．．．．．．．．．10克	酱油．．．．．．．．．．．．．5克
金针菇．．．．．．．．100克	糍粑辣椒．．．．．．．．50克	陈醋．．．．．．．．．．．．．3克
小尖青椒．．．．．．．50克	豆瓣酱．．．．．．．．．25克	藤椒油．．．．．．．．．10克
小尖红椒．．．．．．．50克	麻辣火锅底料．．．．50克	料酒．．．．．．．．．．．30克
鱼香菜．．．．．．．．．．5克	盐．．．．．．．．．．．．．4克	水淀粉．．．．．．．．．20克
白芝麻．．．．．．．．．．5克	鸡粉．．．．．．．．．．．3克	鲜汤．．．．．．．．．．1千克
姜片．．．．．．．．．．10克	胡椒粉．．．．．．．．．2克	色拉油．．．．．．．．．适量

制作方法

1. 把猪腰一剖二剖，去腥臊部分，洗净，先在破刀的正面剖上0.4厘米的横斜纹，沿横斜纹再切成三刀一断的凤尾形，放入盛器内，加盐、料酒、水淀粉搅拌码味上浆；小尖青椒、小尖红椒分别洗净，切成斜刀段；金针菇切去尾蒂，洗净待用。

2. 炒锅置旺火上，放入适量的油烧热，爆香姜片、蒜片，下入糍粑辣椒、豆瓣酱制香，倒入鲜汤烧沸，煮至出香味，用细漏勺捞出渣料，起锅将红汤汁装入盛器内待用；将金针菇放入沸水锅中加盐焯至断生，捞出控水，装入浅型的锅仔内垫底。

3. 炒锅放入色拉油烧至七成热，下入码好味的凤尾猪腰爆至断生，捞出控油；锅内留底油，爆香姜片、蒜片、小尖青椒段、小尖红椒段、鲜花椒，下入麻辣火锅底料炒至出香味，倒入红汤汁，加盐、鸡粉、胡椒粉、白糖、酱油、陈醋、料酒、藤椒油煮至香味四溢，投入爆好的猪腰煮至入味，起锅装入垫有金针菇的锅仔内，撒入白芝麻、鱼香菜，带火上桌即成。

麻椒猪腰花

热菜。色泽鲜艳，鲜嫩脆爽，辣香味醇，刀工美观。

西江传说故事多
产业连锁扶贫梦
苗家老头非常牛
敢于担当郭茂胜
后厨起家学厨艺
非常牛扬民族风
刻苦钻研增实力
苗族歌舞成亮点
民俗民风有继承
酸汤制作西柿红
牛排鲜香绿叶情
众师相助举若轻
年轻有为已起步
共同成就志气弘
脚踏实地为黔菜
千船齐发奔征程

郭茂胜，1993 年出生于贵州省黔东南苗族侗族自治州凯里市龙场镇郭家坪村。他是贵州名厨，黔菜传承人，黔菜之星，中国黔菜文化传播使者。

郭茂胜 2011 年在凯里市学厨，得到当地黔菜大师的指导与帮助；2013 年进入贵阳西江传说餐饮集团任职；2014 年任传说中楼厨房主管；2015 年起先后协助非常牛各分店做开业准备工作，得到各分店的认可和表扬；2017 年晋升为西江传说集团旗下品牌——苗老头·非常牛天一店厨师长；2018 年调任非常牛广州店厨师长。

郭茂胜在工作中虚心求教、刻苦努力，与同事相处融洽。他认真领悟西江传说的企业精神，带动农业发展产业链，帮助家乡脱贫致富，为年轻人提供平台，发扬"共同成长，相互成就"的企业八字箴言精神，与企业共成长。

郭茂胜与西江传说和非常牛厨房管理团队合影

郭茂胜与多才多艺的西江传说集团厨艺团队合影

西江传说餐饮集团非常牛品牌店夜景

圆梦西江　郭茂胜

传说战斗鸡

干锅。色泽红亮，软糯耐嚼，鲜辣醇厚，味道鲜美，佐酒佳肴。

用料

麻江蓝莓斗鸡......... ......1只（约1千克）	香菜段...........10克	鸡精...........5克
蒜薹...........250克	糍粑辣椒.......50克	十三香...........5克
红小米椒.......100克	鲜花椒...........30克	山奈粉...........3克
芹菜...........50克	盐...........3克	陈皮粉...........3克
生菜...........250克	味精...........1克	生抽...........10克
蒜瓣...........50克	熟菜籽油............ ...2千克（约耗50克）	蚝油...........25克
姜片...........25克		米酒...........15克

制作方法

1. 将斗鸡宰杀治净后，整鸡去骨；内脏洗净，改刀后下入沸水锅中余水，捞出冲净；蒜薹、芹菜分别洗净，切成一寸段；红小米椒洗净，切成颗粒状；生菜掰开，洗净后控水，装入盘内垫底。

2. 将无骨鸡肉切成片，放入盛器内，加蒜薹段、芹菜段、红小米椒粒、蒜瓣、姜片、糍粑辣椒、鲜花椒、盐、味精、鸡精、十三香、山奈粉、陈皮粉、生抽、蚝油、米酒搅拌均匀，腌制20分钟左右，装入垫有生菜的盘内，再放入内脏、香菜段，待用。

3. 把腌制的鸡肉及熟菜籽油壶一起上桌，在食客面前现场烹制；在餐桌上将锅内放入熟菜籽油烧热，下入腌制好的鸡肉于盘内，分次煸炒至断生，一边煸炒一边食用。

黔东南社饭

小吃。色泽油润，质地软韧，野菜清香，腊味浓郁，米饭松软，油而不腻。

用料

糯米..........1.5 千克	青蒿嫩叶.......300 克	蒜苗...........50 克
粘米...........1 千克	豆腐干.........150 克	盐.............30 克
熟猪腊肉（半肥瘦）....	油酥花生.......100 克	味精...........10 克
.............300 克	野葱...........50 克	色拉油.........适量

制作方法

1. 把糯米、粘米分别淘洗干净。糯米用温水浸泡 6 小时，捞出滤干水分，粘米放入沸水锅中煮至半熟，捞出滤干米汤，待用；熟猪腊肉切成丁；青蒿嫩叶洗净切碎，反复揉搓揉出苦水，挤干水分；豆腐干洗净，切成小丁；野葱、蒜苗分别去根须，洗净后切成碎粒。

2. 炒锅置旺火上，放入色拉油烧至六成热，将豆腐干丁、腊肉丁分别下入油锅中，炸至略干，捞出控油；锅内留底油，下入青蒿炒出香味后，再下入野葱粒、蒜苗粒炒至出香味，起锅倒入盆内，和泡好的糯米、粘米、腊肉丁、油炸豆腐干丁、油酥花生、盐、味精混合拌匀，入笼蒸时须一层一层地放，待先放的一层上汽后再放第二层，直至放完，用大火蒸至熟透即成。

助力黔菜永出山
心怀壮志追黔味
亚朵展示谱新篇
多家酒店练厨艺

白乳汤中金鱼翻
青红椒里白菇条
香酥排骨绿瓜片
金色炸虾配彩虾

刻苦钻研不一般
追随大师重厨德
练就本事有十年
从师学厨吴昌贵

亚朵走来雷继凡
深爱黔菜练厨艺
水西故事说不完
百里杜鹃在黔西

雷继凡，1994 年出生于贵州省毕节市黔西县庆民村。他是贵州名厨，黔菜传承人，黔菜之星，中国黔菜文化传播使者。

2009 年雷继凡入厨，在贵州天豪花园酒店、天豪假日酒店从事厨师、主厨工作，先后任贵州让你更牛餐饮管理有限公司、亚朵连锁酒店未来方舟店、城市便捷酒店全国连锁贵阳金融城店、希岸酒店全国连锁贵阳金融城店厨师长，现任雅斯特酒店贵阳未来方舟店厨师长。

雷继凡师从中国烹饪大师吴昌贵，2017 年获让你更牛餐饮管理有限公司年度擂台赛最佳原料奖。

雷继凡获让你更牛餐饮管理有限公司 2017 年度擂台赛最佳原料奖

让你更牛餐饮管理有限公司 2017 年度擂台赛擂主展示板

追味水西

雷继凡

金瓜八宝饭

蒸菜。色泽诱人，质地软糯，咸鲜味美，辅料丰富，外形美观。

用料

金瓜............... 1个	萝卜、水发香菇、虾仁、	味精............... 1克
白糯米......... 150克	冬笋......... 各30克	鸡精............... 2克
火腿、甜肠、豌豆、胡	盐................. 3克	熟猪油......... 30克

制作方法

1. 把白糯米淘洗干净，用温水浸泡3小时；火腿、甜肠、胡萝卜、水发香菇、虾仁、冬笋分别洗净，切成小丁，与豌豆一起放入沸水锅中，加盐焯至断生，控水；金瓜洗净，用三角戳刀在金瓜上从蒂部周围戳一圈，取出顶盖，挖出内籽，冲净。

2. 将糯米滗去水分，放入焯熟的食材，加盐、味精、鸡精、熟猪油搅拌均匀，倒入清水，放进上汽的蒸锅内蒸30分钟至熟透，取出制成八宝饭；将熟八宝饭填入金瓜内，再次放进蒸锅内用旺火蒸至金瓜熟软，取出，装入盘内即成。

麻椒多宝鱼

热菜。色泽亮丽，鱼肉细嫩，鱼骨酥脆，咸鲜略辣。

用料

多宝鱼............	嫩姜...........10克	味精...........1克
......1条（约750克）	蒜苗头..........10克	鸡精...........2克
青线椒..........50克	薄荷叶..........3克	辣鲜露...........3克
红线椒..........50克	淀粉...........100克	料酒...........5克
蛋清...........10克	青花椒..........5克	藤椒油..........5克
蒜瓣...........30克	盐...........2克	色拉油..........适量

制作方法

1. 把多宝鱼宰杀治净，将带皮一面的鱼肉剔出，然后切成斜刀片，加盐、料酒、淀粉、蛋清码味上浆；青线椒、红线椒分别洗净，切成斜刀段；蒜瓣、嫩姜分别洗净，切成厚片。

2. 炒锅置旺火上，放入油烧至六成热，将鱼骨均匀地拍上淀粉，下入油锅中炸至定型，控油，装入盘内摆放好；待锅内的油温降至四成热，下入码好味的鱼片滑至断生，捞出控油；锅内留底油，爆香蒜瓣片、姜片，下入青线椒段、红线椒段、青花椒炒至出香味，投入滑熟的鱼片，加味精、鸡精、辣鲜露，下入蒜苗头翻炒均匀，淋入藤椒油，起锅装入盘内的熟鱼骨上，撒上薄荷叶即成。

黔北绥阳奇才涌

烹饪学霸梁建勇

女旅职校为学子

贵州饭店再称雄

幼时喜读吴师书

美食贵州引航程

雕龙活现腾空起

闪现美翅是绣凤

烹饪技巧夺能手

学业路上有钱鹰

留校任教为师表

多彩生活润心胸

钻研黔菜已痴迷

省级大赛多争锋

后生可畏前途广

祈福黔菜遍地红

梁建勇，1996 年出生于贵州省遵义市绥阳县黄杨镇茶树村。他是贵州省技术能手，贵阳市技术能手，贵州名厨，黔菜传承人，黔菜之星，中国黔菜文化传播使者。

梁建勇先后毕业于贵阳市女子职业学校、贵阳市旅游学校，毕业后一直兼任贵阳市女子职业学校、贵阳市旅游学校教师。他于贵阳世纪金源大饭店实习，现在在贵州饭店工作，从事中餐蒸菜和中厨墩子工作。

梁建勇年少时，在表哥家看见吴茂钊老师编著的《美食贵州》《贵州江湖菜》，他软磨硬泡地顺走了这两本书，从此喜欢上了烹饪。他学习非常刻苦，成绩名列前茅，在学校烹饪部部长钱鹰大师的关心和指导下，一路过关斩将，在每次校级、市级、省级中职技能大赛中都获得第一名，也是贵州少有的能在国赛获奖的烹饪学生。他毕业后也经常获奖，获得贵阳市技术能手、贵州省技术能手称号。

梁建勇与中国黔菜泰斗古德明师爷合影

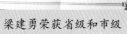

梁建勇荣获省级和市级技术能手称号

梁建勇接受采访时展示获奖证书

雕龙画凤

梁建勇

腊味小花拼

腊味。色彩丰富，质地熟软，腊味浓郁，荤素搭配，形态美观。

用料

烟熏腊肉、烟熏香肠、烟
熏血豆腐..... 各100克
心里美萝卜、白萝卜、黄

瓜、胡萝卜.... 各50克
盐............... 3克
鸡粉.......... 2克

白糖............... 5克
白酱油.......... 5克
白醋............. 3克

制作方法

1. 把烟熏腊肉、烟熏香肠、烟熏血豆腐分别洗净，放入蒸锅内蒸至熟透，取出晾凉；心里美萝卜、白萝卜、胡萝卜分别去皮，放入沸水锅中，加盐、鸡粉、白糖、白酱油、白醋煮至入味，取出晾凉。

2. 取一个大圆盘，将黄瓜改刀成蝴蝶身体形状，白萝卜、心里美萝卜分别切成柳叶片，再将心里美萝卜改刀成蝴蝶的须及尾，用各种食材在盘内右上角处拼摆出蝴蝶的形状。

3. 将熟腊肉、熟香肠、熟血豆腐和剩余的心里美萝卜、胡萝卜、白萝卜、黄瓜分别改刀成片，在盘内拼摆成地坪及山体的形状，最后再将黄瓜改刀成半月片，拼摆在盘中右下角处成荷花形状即成。

枸酱烤牛肉

热菜。色泽艳丽，质地细嫩，肉嫩酱浓，味道鲜美。

用料

牛肋骨..........800克	豆瓣酱..........10克	五香粉..........2克
红薯..........100克	黄豆酱..........25克	盐..........2克
洋葱..........40克	海鲜酱..........30克	水淀粉..........8克
嫩姜..........8克	排骨酱..........30克	鲜汤..........100克
蒜瓣..........12克	红椒粉..........5克	色拉油..........适量
糍粑辣椒..........15克		

制作方法

1. 将牛肋骨冲净血水，控水，加豆瓣酱、黄豆酱、海鲜酱、排骨酱、红椒粉、五香粉搅拌均匀，腌制4～5小时；红薯去皮，洗净后切成细丝，放入清水中浸泡片刻；洋葱、嫩姜、蒜瓣分别洗净，切成细粒状。

2. 炒锅置旺火上，放入色拉油烧至六成热，将红薯丝控水，下入油锅中炸至酥脆，捞出控油，撒入盐拌匀；把腌制好的牛肋骨用锡纸包裹起来，进入上下火230℃的烤箱内烤约45分钟至熟透，取出改刀，装入盘内。

3. 炒锅放入底油烧热，爆香洋葱粒、姜粒、蒜粒，放入糍粑辣椒、豆瓣酱炒至出香味，下入海鲜酱、排骨酱略炒香，掺入少许鲜汤烧沸，用细漏勺捞出料渣，勾入水淀粉，起锅浇淋在盘内的熟牛肋骨上，撒入脆红薯丝点缀即成。

看着雕瓜的影像
令我有许多遐想
热爱黔菜的青年
独闯四川兰顺江

学习烹饪入职校
贵阳女旅名气响
酷爱黔菜心有梦
不惧川菜独花享

四川广元推黔菜
数岗实践实力强
多彩贵州美食节
策划设计显名堂

雕刻菜点多艺术
香辣黔味入口爽
川菜大营炼黔味
剑门关下黔菜香

兰顺江，1997 年出生于贵州省贵阳市息烽县流长乡。他是贵州名厨，黔菜传承人，黔菜之星，中国黔菜文化传播使者。

兰顺江初中毕业后，出于对烹饪的热爱，只身前往烹饪学校学习黔菜，在校期间成绩名列前茅；从贵阳市女子职业学校、贵阳市旅游学校毕业后又义无反顾地前往四川广元，一步一个脚印地从打荷、墩子到炒锅，在川菜大本营里钻研烹饪技艺。

2018 年，兰顺江参与了多彩贵州美食节菜品的设计与制作。

学生时代的兰顺江

工作中的兰顺江

多彩醉美

兰顺江

虾心菜丸子

热菜。色泽翠绿，质地软糯，酸甜略辣，口感细腻。

用料

虾仁	250 克	淀粉	80 克	白糖	25 克
香芋	125 克	番茄酱	20 克	白醋	40 克
干秋葵	80 克	细辣椒粉	10 克	水淀粉	10 克
澄粉	50 克	盐	3 克	色拉油	适量

制作方法

1. 把虾仁洗净，用刀背剁成泥；香芋去皮，洗净后切成小块，放入蒸锅内蒸至熟透，取出捣成泥；干秋葵去心，放入粉碎机内打成粉。

2. 取一个盛器，分别加入番茄酱、细辣椒粉、盐、白糖、白醋、清水搅拌均匀兑成酱汁。

3. 炒锅置旺火上，放入色拉油烧至五成热，将虾仁泥、香芋泥混合在一起，加澄粉、盐搅拌均匀，挤出大小一致的 10 个丸子，逐个裹上淀粉，下入油锅中炸至棕黄色，捞出控油；锅内留底油，放入兑好的酱汁略炒，勾入水淀粉收汁，投入炸好的丸子翻炒均匀，起锅将逐个丸子再裹上干秋葵粉，装入盘内即成。